C.te Louis d'Havrincourt

Les Battues de Plaine

E. MÉRITE

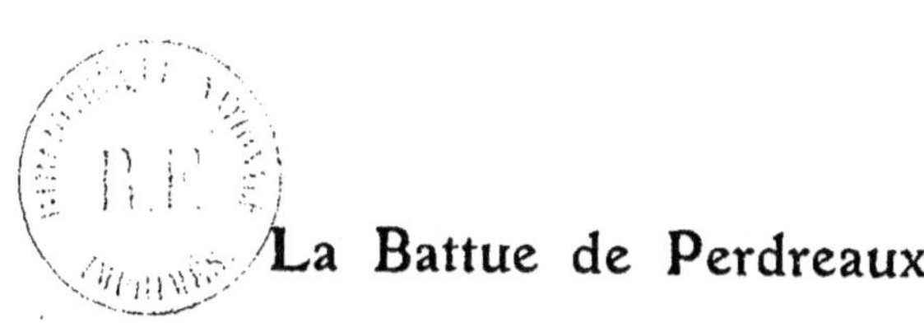

La Battue de Perdreaux

Comte Louis D'HAVRINCOURT

La Battue de Perdreaux

Ouvrage orné de gravures d'après les dessins de l'Auteur,
de photographies et de planches hors-texte, reproductions de peintures
et aquarelles de E. MÉRITE.

PARIS

E. LABOUREYRAS, Graveur-Imprimeur, 20, Rue La Bruyère

1921

TABLE DES MATIÈRES

	Pages
Préface, par le Comte Clary	7

Chapitre premier

Considérations générales sur la battue	11
La battue est-elle un sport ?	11
La chasse au chien d'arrêt	11
La battue n'est pas préjudiciable à la chasse	16
Les grandes chasses, sauvegarde du gibier	16
La guerre aux recéleurs de gibier	16

Chapitre II

Le Perdreau en général	19
Le perdreau est un fantassin	19
Du perdreau naturel et d'élevage	24
Le lâchage des couples	28
L'élevage du perdreau rouge et gris, par le Comte H. d'Havrincourt	30

Chapitre III

Principes généraux de la battue	41
Avec deux équipes de rabatteurs	45
Le garde chef à cheval	46
Le vent	52
La marche en ligne	53
Les fermiers	54
La contre-battue	57
La bande auxiliaire n° 3	59
La battue à une seule équipe	60
Les abris français et anglais	61

Les trous-abris 62
Du mode de placer les tireurs 64
Les trois dispositifs de battue........................... 67
La profondeur des battues.................................. 73
Résumé des règles générales de la battue 77

Chapitre IV

Du tir de chasse. 79
Le tir au pigeon.. 79
Principaux modes de former un tireur 79
Les croiseurs et les suiveurs 85
La chasse à l'alouette au cul levé et au miroir 88
Le ball-trapp, tir rasant et de battue 90
Ecole de tir d'Issy-les-Moulineaux 93
Le tir de chasse au cinéma 95
La chasse de la grive dans le Nord africain 97
L'hygiène du tireur... 101

Chapitre V

Du meilleur fusil de chasse 107
Fusils anglais, belges et français. 107
La bascule... 109
Le canon 110
Canons chokes... 111
Le calibre 113
Poids rationnel d'un fusil de chasse et de pigeons 114
La longueur des canons 114
De la portée des fusils 116
Tableau des plombs de chasse français. 117
—   —   —   anglais 119
Les cartouches 122
Douilles 123
Amorçage 124
Les meilleurs fabricants de cartouches 124

Chapitre VI

Un terrain idéal de battue 127
Utilité des remises et couverts. 127
Conclusion 138

Préface

—

Nul n'était plus qualifié que vous, mon cher ami, pour traiter de la battue de perdreaux. Ne vous ai-je pas vu, depuis plus d'un tiers de siècle, mener et diriger vous-même, à pied et à cheval, les belles battues de Neauphle, de la Breuille et de Lierville ?

Combien je vous félicite d'avoir eu l'excellente idée de livrer au public-chasseur votre conception de la conduite des battues de perdreaux et d'apporter aux heureux possesseurs de plaines à perdreaux le fruit de votre déjà longue et méthodique expérience.

Au risque de blesser votre modestie, ajouterai-je que vous maniez la plume avec une maëstria de sportman, et cela m'a été un véritable régal de déguster votre traité cynégétique si vivant et si documenté. Avec quelle joie j'ai revécu à votre suite d'inoubliables journées de chasse, avec quelle mélancolie aussi, en pensant aux bons amis, aux camarades qui nous ont quittés prématurément ?

En France, où nous ne possédons pas l'incomparable grouse, la battue de perdreaux est sans conteste le plus beau sport de chasse à tir et de tir de chasse. La chasse au chien d'arrêt a ses fidèles, ses passionnés et elle est éminemment sportive quand le chasseur est obligé de chercher et de trouver le gibier. Mais si l'on admet qu'une chasse est d'autant plus « sport » qu'elle laisse au gibier plus de chances d'échapper au plomb, la battue de perdreaux répond mieux que toute autre à cette définition. Préfère-t-on définir la chasse la plus « sport » celle où l'on fait brûler à ses amis le plus de cartouches possible en tuant le moins de gibier possible, c'est encore la battue de perdreaux qui se rapprochera le plus de cet idéal. Quelle variété de coups de fusil offre le tir du perdreau en battue, en comparaison du tir devant soi ! Et dans les horizons à perte de vue de la Beauce, de la Picardie ou de la Champagne, quel plaisir pour le véritable sportman de suivre les manœuvres des battues !

Permettez-moi d'être plus intransigeant que vous en ce qui concerne les « suiveurs » à la chasse. Si, dans le tir à la carabine, il est nécessaire d'accompagner en visant, mais toujours le moins longtemps possible, il faut absolument éviter de le faire avec le fusil. Ce n'est pas le coup de fusil qui doit rejoindre l'oiseau, c'est l'oiseau qui doit entrer dans le coup de fusil. En chasse, on tire presque toujours trop vite ; aussi doit-on prendre son temps pour rester maître de soi, mais dès qu'on a jugé le moment propice, il faut épauler et placer son coup de fusil le plus rapidement possible sur le point précis où l'on estime que l'oiseau passera, à la seconde même où arrivera la charge de plomb. C'est la méthode que tout chasseur met en pratique pour tirer le lapin dans les bruyères ou dans les grandes herbes. Il jette son coup de fusil au « jugé » ; il ne tire pas le lapin, puisqu'il a cessé de le voir, mais l'endroit où il a jugé qu'il sera.

Rien n'est plus dangereux que de suivre, que d'accompagner l'oiseau, surtout quand le chasseur se croit obligé pour viser de fermer un œil. Il se supprime ainsi toute la moitié de son champ visuel, et toutes les facultés de son œil viseur, absorbées par sa fonction, concentrées sur la pièce, l'empêchent souvent de voir ce qui peut se présenter devant son fusil.

C'est en battues de plaine que les accidents de chasse sont le plus fréquents et, neuf fois sur dix, ils ont pour cause le fait de suivre un perdreau qui traverse la ligne à hauteur d'homme alors que le tireur ferme un œil pour réaliser sa visée.

Combien je suis d'accord avec vous sur le danger d'un élevage trop intensif du perdreau dans une plaine déjà giboyeuse. A tous les inconvénients que vous énumérez, il faut encore ajouter celui de payer trop cher les œufs mis accidentellement à découvert, et de vous exposer ainsi à voir les ouvriers agricoles vous apporter tous les nids de votre terrain de chasse. Il n'en est pas moins vrai que l'élevage, considéré seulement comme accessoire, peut contribuer au relèvement de la chasse française.

Pour augmenter la densité d'un territoire en perdreaux, puisque dans notre pays on ne peut songer à pratiquer l'écoquetage, je crois que le meilleur procédé consiste à pourvoir les bourdons en excès de poules perdrix de Bohême ou de Hongrie, voire même de poules de pays, si on peut s'en procurer. On se sert des poules comme chanterelles, en les plaçant dans un petit cageot, dont on peut ouvrir la porte à distance, dès qu'on voit que la poule a choisi un des soupirants qui viennent répondre à ses amoureux « Kirouit ».

Je souhaite à votre volume, mon cher ami, tout le succès qu'il mérite. Puisse votre expérience déjà longue et votre compétence faire comprendre aux possesseurs de chasses de plaine que la battue de perdreaux est, comme vous le décrivez si bien, une véritable bataille à livrer, bataille d'autant plus difficile que le territoire est moins accidenté et qu'il n'offre pas de couloirs naturels qui attirent les per-

dreaux. Tout l'art du chef consiste à faire passer sur la ligne des tireurs le plus grand nombre possible de compagnies, en les empêchant de se dérober sur les ailes, soit à pied avant l'arrivée des flanqueurs, soit en faisant des vols prolongés. Il faut avant tout tenir compte du vent et s'en servir, alors même qu'on serait obligé de modifier à la dernière minute toutes les dispositions prises. Quand on ne peut mener certaines traques avec le vent, soit parce que l'on n'a pas assez de profondeur, soit en raison d'une limite dangereuse, le mieux est de faire marcher ses tireurs avec les batteurs et d'essayer, comme disent les Anglais, de concentrer ses oiseaux à l'aide de fusils. Le secret des gros tableaux est d'arriver, à un moment de la journée, à pouvoir faire battue et contre-battue, et comme le disait un maître ès-chasse, « de concentrer son perdreau pour le mieux écraser ».

En suivant vos directives, on ne peut qu'améliorer ses résultats, et la principale cause des insuccès réside dans la routine, dans l'entêtement de certains gardes qui croient que le sens de leurs battues est immuable.

Puissions-nous, pendant de longues années encore, nous livrer à notre sport favori ; puissions-nous surtout voir les années grasses succéder aux années maigres, et nos beaux territoires dévastés par le braconnage se repeupler, grâce à la multiplication des chasses gardées. Pour restaurer la chasse française, jamais les pouvoirs publics ne sauraient trop protéger, ni trop encourager la garderie des chasses.

CLARY.

LA BATTUE DE PERDREAUX

CHAPITRE PREMIER

CONSIDÉRATIONS GÉNÉRALES
SUR LA BATTUE

La battue de perdreaux est-elle un sport ? Des critiques, n'y voyant qu'un exercice de tir, prétendent qu'il est autrement intéressant de se promener à travers la campagne, au cours d'un belle journée, maître unique de sa destinée, le cerveau dégagé de toute préoccupation, précédé d'un chien de race, plutôt que d'attendre des heures entières, sur une chaise mal équilibrée ou dans un trou humide, l'arrivée de perdreaux qui passeront au voisin !!

Nous répondrons à ces Jamais-contents que chaque âge a ses plaisirs. Tout le monde n'a plus des jarrets à fournir journellement des raids de 40 kilomètres, avec une charge de porte-faix sur les épaules, et les plaines où se rencontrent encore des perdreaux tenant l'arrêt du chien dans de beaux couverts, sont devenues, à cause des perfectionnements de la culture, aussi rares que la monnaie blanche.

Je fus moi-même dans ma jeunesse un fanatique de la chasse « devant soi ». Je me souviens toujours avec plaisir de mes randonnées dans l'Allier, à travers topinambours, landes de genêts ou ajoncs en friches, escorté de mon fidèle Médor, qui oncques ne perdit une pièce de gibier démontée ; je n'aurais jamais consenti alors à céder à un profane l'honneur de plier sous le poids d'un carnier bien garni, handicapé le plus souvent des trois kilos d'une levrasse.

Plus tard, je connus la joie de voir travailler des pointers au galop de pur-sang, des setters au nez infaillible, tous superbes à l'arrêt dans leur immobilité de roc. Il m'est arrivé plusieurs fois au cours de chasses à l'étranger de ramasser plus de cent perdreaux en une seule journée, mais le plaisir était bien plus grand de voir chasser les chiens que de tuer des oiseaux faciles.

Quoi qu'il en soit, avec les armes perfectionnées d'aujourd'hui, les poudres vives et sans fumée, les progrès du tir et la plupart des territoires de France totalement modifiés par l'agriculture, il est surprenant que nous rencontrions un seul gibier vivant, de plume ou de poil.

Dans cet ordre d'idées, je rappellerai d'horribles tueries, massacres d'innocents qui, chaque année à l'ouverture, déshonoraient certains parages de Beauce. Une légion armée de Nemrods, indignes de ce nom, appuyée d'autant de porteurs, se massait avant l'aube sur la sinistre plaine. En ligne, en cercle, de droite, de gauche (les paresseux défilés en embuscades derrière les remises), ils harassaient les pouillards, se les renvoyant de l'un à l'autre, les apeurant de leurs feux de salves nourris. Puis les bourreaux déjeunaient, lippant force rasades pour se donner du cœur et la triste besogne recommençait de plus belle jusqu'à la nuit. Les pauvres volatiles harassés, qu'on aurait pu ramasser à la main ou achever d'un coup de bâton, étaient, à bout portant, coupés en deux par des « full-chokes ». Je sais une chasse en Loir-et-Cher (pour ne pas la nommer) où étaient assassinés de la sorte 1.500 à 2.000 perdreaux en un seul jour. En plus de ces considérations, la chasse au chien d'arrêt dans les rares terrains privilégiés qui la permettent encore est finie en fin septembre, tandis que la chasse au rabat se prolonge jusqu'en janvier, époque où elle devient des plus destructive.

Ne pensez-vous pas, chers lecteurs, que la belle battue où le perdreau vigoureux de grande plaine pique au soleil, se défend de l'aile, crochète à l'infini, prend dans le vent une vitesse terrible, n'est pas autrement sportive et en tout cas moins dévastatrice ?

...des setters au nez infaillible, tous superbes à l'arrêt...

Ici se pose tout naturellement une question. La battue est-elle préjudiciable à la chasse en général ?

Sans doute, trop souvent répétée ou sur un territoire minuscule, elle aurait tôt fait d'affoler le gibier et de vider un canton. Si le propriétaire n'est pas ménager de son propre bien, n'est-ce pas, après tout, les chasses voisines qui bénéficieront de son incurie, les chasses banales dont le repeuplement serait ainsi assuré ? et Dieu sait si elles en ont besoin ! Ce n'est en somme que par des échanges de bons procédés entre voisins que la chasse française pourra, petit à petit, renaître de ses débris.

Il n'en reste pas moins vrai que la battue où ne sont généralement invités que des fusils d'une certaine classe est très meurtrière, et nous ne connaissons pas de chasse uniquement alimentée de perdreaux naturels où l'on puisse donner annuellement, sans destruction complète, plus de deux grandes battues sur le même terroir. L'élément fatal par excellence au perdreau est l'absence de garderie, le braconnage, l'abondance des éperviers, pies, corbeaux, belettes, renards, chiens ou chats errants, chiens de berger surtout.

La meilleure preuve en est qu'en ces deux dernières années 1919-1920, il y avait pénurie complète dans les plaines banales, mises à sac pendant la guerre, où jamais ne fut donnée une battue de perdreaux, tandis que dans les grandes chasses où de tout temps fut pratiqué le rabat, il s'est trouvé quelques coins privilégiés, en Beauce, en Sologne, dans le Centre, où les compagnies ménagées en 1919 ont commencé à s'intensifier l'année suivante.

Par contre, la battue porte atteinte aux perdreaux rouges, qui plus lourds, moins sauvages, s'égaillant, abordent un à un la ligne meurtrière des fusils. C'est pourquoi en dépit du braconnage on en voit beaucoup plus, dans la région du Centre, qu'avant 1914. En outre, le Rouge ne quitte guère l'orée des bois et échappe plus facilement au filet et à la lampe acétylène de ses ennemis nocturnes. Ce ravissant oiseau, qui panache si joliment les tableaux, ne pourrait-il pas beaucoup plus se multiplier ? Il y a des coins en dehors de sa zone habituelle où, par hasard, il en est tué quelques-uns à chaque saison de chasse. Alors pourquoi ne prend-on pas la peine de chercher à l'y acclimater en le ménageant les deux ou trois premières années ? Dans les pays de boqueteaux et de haies, n'aurait-il pas toutes les chances possibles de réussir ? L'achat d'une centaine de bons œufs couvés par des poules et le lâchage, au printemps, de quelques couples suffiraient.

Comme conclusion, la battue n'est pas nuisible, si le propriétaire, ménager de son bien, ne multiplie pas trop ses invitations. Si au contraire il en est prodigue, il alimentera les territoires voisins. Les oiseaux, trop souvent dérangés, quitteront avant le printemps leurs parages inhospitaliers pour aller nicher dans des régions plus tranquilles. L'on peut donc affirmer que les grandes chasses bien gardées, bien piégées, sont dans tous les cas une pépinière bienfaisante pour les chasseurs et petit à petit reconstitueront notre cheptel, plume et poil, terriblement amoindri.

La besogne de reconstitution de la chasse n'incombe pas aux chasseurs seuls, elle incombe à l'Etat qui doit protéger la chasse par des lois plus sévères, et avant tout poursuivre les recéleurs de gibier d'impitoyable façon. Il nous semble qu'un moyen de répression, aussi simple qu'efficace, serait de faire dresser procès-verbal par la brigade des chasses du Saint-Hubert-Club à tout vendeur des halles, restaurateur ou marchand chez qui serait trouvé un gibier ne portant pas traces de plomb.

L'histoire de braconniers qui, après avoir panneauté, tirent un coup de fusil dans le tas de leurs victimes n'est pas nouvelle ; pour notre part, nous doutons fort qu'ils usent souvent de ce procédé trop bruyant pour être pratique, et nous avons maintes fois manipulé chez des revendeurs des perdreaux morts à l'étouffé sans la moindre trace d'un coup de feu. De toutes les régions de France, il arrive aux Halles le jour de l'ouverture à 6 *heures* du matin des centaines de perdreaux qui n'ont jamais essuyé le moindre coup de fusil.

NOTA. — Une nouvelle Société de répression contre les recéleurs vient de se constituer pour le département du Loir-et-Cher. Moyennant la cotisation minime de vingt centimes par hectare, elle tiendra à la disposition de ses membres une brigade de chasse parfaitement organisée. S'adresser à M. Gaidelin, 19, rue Clément-Marot, Président de la Société.

CHAPITRE II

LE PERDREAU

Il faut avant tout bien se mettre en tête cette vérité : le perdreau a horreur de voler, ne prend la route des airs qu'en cas de danger et à la dernière extrémité. En toute autre circonstance de sa vie nomade, à travers labours ou chaumes, il piète à grande allure de ses petites pattes nerveuses. Comme l'on dit dans notre argot de chasse, *c'est un fantassin*, en tenue kaki foncé, qui, blotti dans les guérets, sait s'y rendre parfaitement invisible. Si on le force à prendre son essor, il a tôt fait, le danger disparu, de quitter son sillon pour rejoindre, pas gymnastique accéléré, sa compagnie ou son canton. A l'exception des plaines beauceronnes où les rabatteurs peuvent amener aux chasseurs les grosses bandes de plusieurs kilomètres de distance, maître Perdreau ne se décantonne que très difficilement. Soit par le front, soit en forçant en arrière, il tourne toujours autour de ses couverts habituels. Se pose-t-il dans les boqueteaux ou dans les jeunes tailles d'un parc, ne vous imaginez pas pour cela que vous l'y retrouverez une heure après ; remis de ses transes, il contournera le bois, filera à pied par un fossé bordure, aura tôt fait de s'orienter vers le but d'où l'a amené son premier vol forcé, bien

---

NOTA. — Il est à remarquer qu'au cours d'une battue, la compagnie ne s'envole jamais dans la direction où elle s'est posée, ni ne passe au chasseur posté en face.

rarement sortira-t-il du bois face à l'endroit où il s'est abattu. Exception faite pour les journées chaudes de fin d'août et des premières semaines de septembre, où de lui-même il ira faire la sieste et s'abriter dans les taillis plusieurs heures durant. En toutes circonstances, dérangé ou au repos, il rejoindra avant le soir ses quartiers de nuit. Les chevaliers du panneau et de la lampe acétylène ne le savent que trop bien. Aux heures du crépuscule, un bon garde caché près d'une remise, dans un fossé ou derrière une meule, pourra être fixé très exactement sur le nombre des compagnies et sur leurs habitudes, de même en les écoutant rappeler. Il est très rare qu'un propriétaire se renseigne auprès de ses gardes sur le nombre de ses volées. Le garde-chef, après avoir contrôlé les chiffres de ses sous-verges, ne doit pas s'y tromper, c'est un renseignement précieux pour savoir ce qui peut être tué sur la chasse sans détruire et il devrait en être dressé un état en règle.

Pour comprendre la battue de perdreaux, être à même de la diriger un jour, il faut donc se persuader de ceci et le faire entrer dans tous ses plans de tactique : le perdreau est un fantassin très roublard, très tire-au-flanc, qui ne vole qu'incidemment, rejoint toujours son cantonnement avant le soir et ne change rien de ses habitudes les jours de chasse.

La guerre vient d'enterrer une légende. Nous pensions tous que l'on ne pouvait avoir beaucoup de perdreaux que dans les grandes plaines à blé ou à céréales. Dans les régions dévastées, les plus maltraitées par les obus, en dépit du sol non cultivé pendant plusieurs années, il se trouvait beaucoup plus de perdreaux après l'armistice que dans les chasses banales, saccagées par le braconnage et très éloignées du front. En Champagne, notamment dans la région de Suippes, un des secteurs les plus marmités, l'on voyait à l'armistice des masses de compagnies se faufiler à travers les barbelés.

Il en résulte que le pire ennemi du gibier depuis qu'il est devenu hors de prix est, bien avant le fauve, le braconnier. Ne nous laissons

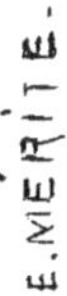

E. MÉRITE.

PERDREAUX DANS LA NEIGE

donc pas influencer par le boniment : « Il y a trop de pies, il y a
trop d'éperviers, il y a trop de bêtes puantes », ce n'est trop souvent
qu'un mauvais prétexte invoqué par un mauvais garde. Il y a une
vingtaine d'années, quand les battues ont commencé à se généraliser
en Beauce, il y avait des milliers et des milliers d'éperviers. Je me
souviens que dans le parc de Lierville, dont j'étais alors locataire
de chasse avec le Comte de Lambert, nous tuions tous les soirs une
trentaine d'éperviers venant se coucher dans les sapins, et le perdreau abondait dans l'immense plaine de Marchenoir à Verdes.

Nous pensons qu'une bonne année il peut être tué, sans entamer
le capital, la moitié des perdreaux que renferme un territoire si c'est
une chasse composée exclusivement de naturels, un peu plus si
c'est une plaine où se pratique l'élevage. Quoi qu'il en soit, et en considération de la destruction effroyable du gibier pendant la guerre,
ne se relèveront vraiment que les chasses où les propriétaires, pendant quelques années encore, seront ménagers de leurs précieux
oiseaux.

Du Perdreau naturel et de l'Elevage.

L'élevage porte-t-il préjudice à la chasse ? Question délicate qui a donné lieu à bien des discussions de fumoir et l'accord n'est pas encore près de s'établir. D'une façon générale, l'élevage intensif est une grave erreur ; en très peu d'années, il appauvrit un territoire, diminue au lieu d'augmenter le rendement gibier à l'hectare, abîme la race, produit de hideuses volailles qui au bout de deux générations bouderont les lignes d'arbres, les belles avenues, les passages de vallées, formeront d'immenses bandes tournoyantes, engendreront des foyers de toutes les maladies, supprimeront enfin le plus grand plaisir du sport qui est de manquer de magnifiques oiseaux, passant haut et vite en petites compagnies régulières.

Il n'en est pas moins vrai que l'élevage bien compris, considéré comme un accessoire, dont le but est de sauver les œufs des luzernes trop hâtives, ne peut d'aucune façon nuire à un territoire de chasse quel qu'il soit.

Nous estimons, pour notre part, que, sur toute chasse en général, les chasseurs sauront beaucoup plus gré au propriétaire de leur faire tirer beaucoup d'oiseaux, même de qualité moyenne, plutôt que de les laisser se morfondre six heures derrière leur abri pour ne rien tirer du tout. L'invité préférera toujours tuer de son fusil une vingtaine de bons perdreaux panachés d'élèves, que de manquer deux naturels au cours de toute une après-midi. Allez donc raconter aux échos cynégétiques, qu'à Jonvilliers où, depuis plus de vingt ans, le Comte Nicolas Potocki a su si judicieusement associer un

COQ D'ADOPTION DÉFENDANT SES PETITS

nombre respectable d'élèves à un nombre infiniment supérieur de naturels, que cet Eden des tireurs a été gâché par l'élevage. Dites donc aux habitués que ça ne vole pas sur Gallardon, au fossé de Gas, près de certains pommiers où, emportés par le vent qui souffle toujours plus ou moins en Beauce, naturels et élèves, à jets continus, par petites compagnies, prennent leur essor vers le parc du château, par dessus la bordure des grands arbres !

Il y a élevage et élevage. Autant nous sommes partisan de l'élevage bien compris qui n'aura d'autre but, de concert avec le lâchage des couples, que la reconstitution des chasses trop dévastées, d'autre raison que d'augmenter les tableaux du soir pour le plus grand plaisir des invités ; autant nous crions haro contre toutes les méthodes de surproduction, qui consistent à parquer, les unes contre les autres, en ruches d'abeilles, toujours sur le même emplacement, des boîtes d'élevage, mal désinfectées, foyer certain de cholérine, tuberculose, maladies d'yeux que les élèves communiqueront aux naturels. Ces procédés, complètement abandonnés aujourd'hui, fournissaient des nuages de plusieurs centaines de volailles, toujours ensemble, s'égrénant aux premiers coups de fusil, venant se faire massacrer pitoyablement et le plus souvent assommer par le bâton des rabatteurs.

Ce cadre est trop restreint pour traiter au complet ces questions. Nous rappelons qu'une excellente manière d'augmenter la densité d'une chasse, est l'adoption par les coqs perdreaux de petites compagnies écloses sous la poule de basse-cour. Ces coqs font d'admirables « nurses », mais leur excès de tendresse et de sollicitude les porte à emmener souvent trop loin du centre leur nichée d'adoption.

Nous préférons à toute autre mesure l'abandon complet, au bout de quelques jours, dans la plaine, de la poule avec les petits qu'elle a couvés ; si elle a déjà fait le métier, elle les dirigera avec un merveilleux instinct, leur fera l'immense sacrifice de ne pas brancher la nuit pour leur tenir chaud sous ses ailes, les défendra avec beaucoup plus de vigueur que la perdrix contre les oiseaux de proie, et quand les petits ingrats voudront se passer d'elle, elle restera toujours dans leur voisinage, gloussant désespérément pour les ramener à la tombée du jour, elle deviendra elle-même si sauvage, que les gardes auront le plus grand mal à la reprendre après l'ouverture.

Un excellent mode de reproduction est le lâchage des coqs étrangers. Une loi physiologique indiscutable veut que pour toutes les races humaines, bovines ou chevalines, l'apport d'un sang nouveau très sain embellisse et fortifie l'espèce. Pourquoi n'en serait-il pas de même pour nos oiseaux ? Les perdreaux de Hongrie ou de Bohême, plus petits mais très vigoureux, formaient avant la guerre d'excellents reproducteurs de croisement. Par atavisme, habitués aux grands espaces, ils ne convenaient pourtant qu'aux vastes étendues. Ces lâchages doivent être pratiqués avec une grande circonspection, après que les coqs ont fait de longs séjours dans des parquets bien aménagés au centre de la chasse, ils doivent être rendus à la liberté, un à un, à la saison des amours.

Le perdreau est monogame et pourrait être cité en exemple à nos ménages les mieux unis. La perdrix, comme une jolie femme, est fantasque, aime le flirt ; ce n'est pas le premier galant venu qui lui plaira, elle veut connaître son futur, tient à faire elle-même son mariage d'inclination. Il faudra donc un homme très adroit pour ménager ces unions, soit qu'il présente des poules captives aux vieux célibataires, soit qu'inversement, il fasse sortir adroitement d'une boîte dissimulée au coin d'une remise, un coq, pour qui une poule semble avoir été frappée du coup de foudre.

Le système d'élevage en parquet, système Danin, un peu compliqué, a fort bien réussi dans plusieurs chasses, notamment à Sandricourt, sous la direction habile du Marquis de Beauvoir, également bien à Avrilly, dans la chasse du Comte J. de Chabannes. Ses nombreux partisans affirment que c'est le seul moyen d'éviter les grandes bandes. Les coqs doivent être repris sur la propriété, con-

dition indispensable pour la réussite. L'adoption se fait avec des
boîtes rectangulaires à double compartiment séparés par un espace
libre ; dans chacune d'elles est ménagé un passage pour les petits
perdreaux. La poule se trouve dans un compartiment avec les
pouillards, le coq est placé dans l'autre.

Une loi stupide interdit de tuer ou de reprendre les coqs en excès.
« Les Bourdons », si on ne leur trouve pas de compagnes, sont jaloux,
batailleurs, mettent la dissension dans les ménages, dérangent les
nichées, cassent les œufs et portent le plus grave préjudice. L'auto-
risation de leur destruction ou de leur reprise devrait être accordée
aux chasses gardées sous l'entière responsabilité du propriétaire.
Mais il est infiniment préférable de donner des poules de parquets
aux coqs en excès que de les détruire.

Pour conclure, l'élevage est utile. Si les bandes d'élevage quittent
parfois le territoire où elles ont été trop tirées, elles ne sont dans
aucun cas perdues pour tout le monde. Il a été constaté, dans l'Allier
notamment, que des compagnies d'élèves ayant abandonné après
les chasses leurs plaines natales, avaient quintuplé l'intensité des
chasses voisines très maigres jusqu'alors en perdreaux.

Exposé des méthodes les plus employées pour améliorer un territoire en Perdreaux.

(Tiré de la brochure *Elevage du perdreau* (1) par le Comte Henri d'HAVRINCOURT)

On entend simplement dans ces notes énumérer très sommairement des procédés déjà bien connus théoriquement de la plupart des propriétaires de chasse, mais qui le sont moins au point de vue de leur application. Elles pourront en tout cas être de quelque utilité pour les propriétaires qui débuteraient dans une installation de chasse de plaine, en les mettant à même de surveiller et de diriger leurs gardes.

Les différentes méthodes de repeuplement sont, *par ordre d'efficacité* :

1° Le lâcher des couples, ou simplement de poules perdrix au moment des pariades ;

2° L'élevage avec les poules naines ;

3° L'adoption des jeunes perdreaux élevés avec des poules, par des coqs repris sur la propriété.

Le premier procédé donne un excellent résultat sur un grand territoire en se procurant des oiseaux en Hongrie, comme avant 1914. La réussite est bien mieux assurée en lâchant des poules seulement, mais il faut que le territoire soit assez dense pour posséder un excédent de coqs naturels, il faut ensuite qu'on ait affaire à un fournisseur assez consciencieux pour garantir le sexe toujours difficile

---

(1) Emile Deyrolle, éditeur, 46, rue du Bac.

LA SAISON DES AMOURS

à certifier. Il est admis, en effet, que le fer à cheval n'est pas une certitude pour les coqs. C'est à la forme de la tête, plus allongée, que la poule se reconnaît le mieux.

Ces différents lâchers doivent avoir lieu au centre de la propriété, autant que possible dans un bois en bordure de plaine, en égrenant plusieurs jours consécutifs.

On doit se servir de boîtes très basses, fermées avec des toiles sur trois faces, avec porte à charnière sur la quatrième. Le lâcher des couples n'exige aucune préparation, il suffit d'attendre quelque temps avant d'ouvrir les portes à distance avec une corde de quelque longueur.

Dans le lâcher des poules seules, on doit lâcher cinq ou six poules à la fois et recommencer à des intervalles de trois ou quatre jours, en différents endroits, suivant la disposition des bois, ou en alternant sur chaque face, si l'on ne possède qu'un seul bois.

Les boîtes sont déposées sur le terrain vers huit heures du matin ; généralement les poules rappellent et attirent ainsi les coqs de la propriété. Le garde attend qu'un certain nombre de coqs soient réunis à proximité des boîtes et, soigneusement caché, ouvre doucement les portes à distance. Les coqs maintiendront leurs nouvelles épouses sur la propriété, tandis que des couples étrangers émigreront selon leurs fantaisies et profiteront surtout aux voisins.

Élevage avec des Poules Naines.

On reproche à ce genre d'élevage de répandre des épidémies décimant à tel point le naturel qu'au bout de quelques années il disparaîtrait complètement.

Il semble que cette disparition sur les rares territoires où elle s'est produite doive être imputée surtout à un élevage trop intensif. Les épidémies sont en effet fonction du nombre. En outre, il est généralement admis qu'un excès d'élevage peut chasser le naturel. On a tout intérêt à ne considérer l'élevage que comme un appoint et ne pas se laisser hypnotiser par de gros totaux à obtenir à tout prix dès la première année. La reconstitution d'une chasse de plaine exige plusieurs années. Dans cet ordre d'idée on peut, la première année, faire un élevage assez important, mais dès la seconde année, il faudrait limiter le nombre d'élèves au tiers de la surface en hectares et s'arrêter au quart de la dite surface, quand la densité en naturels paraîtrait suffisante.

Le plus sérieux reproche à formuler contre l'élevage est la production des grandes bandes, si pénibles à manœuvrer et surtout à diviser les jours de battues. On doit donc s'efforcer de disposer les boîtes dans les champs à de grandes distances, soit en donnant des auxiliaires au garde éleveur, soit en partageant l'élevage entre plusieurs gardes et entre plusieurs cantons. Toutefois, la nécessité d'un matériel important et l'utilité de la destruction des animaux nuisibles semblent militer en faveur d'un élevage confié à une direction savante et unique.

Si l'on dispose de peu de personnel et qu'on redoute la malveillance, il est à craindre qu'on soit obligé de concentrer son élevage dans une zone de la plaine assez restreinte en disposant les boîtes par groupes.

Ainsi le travail de l'éleveur sera diminué et la surveillance de nuit deviendra possible avec un bon chien, le garde couchant dans une cabane de berger placée au centre des boîtes.

Dans tout mode d'élevage, il faut absolument éviter de rétribuer les gardes au perdreau lâché, la prime au gibier tué étant la seule efficace.

Tout territoire destiné à l'élevage doit être soigneusement purgé des animaux nuisibles, surtout des renards qui ne laisseraient pas une poule indemne.

E.MÉRITE.

Différents moyens de se procurer des œufs.

1° Œufs trouvés sur la propriété par les faucheurs :

Les agriculteurs doivent toucher une prime par nid trouvé dans les fourrages au moment de la fauchaison, mais le garde ira ramasser les œufs déjà couverts par les faucheurs, avec un vêtement quelconque. Ces œufs seront placés sur une sacoche garnie de laine de mouton afin d'empêcher leur refroidissement. Avec le contrôle du garde, on évitera la destruction de bon nombre de nids qui auraient pu éclore naturellement.

2° Œufs produits en volière :

Les couples entravés en volière donnent surtout des œufs clairs ; les couples non entravés donnent de meilleurs résultats, mais la nécessité de clore le dessus des compartiments avec grillages ou toiles, entraîne des frais importants qui, dans les deux systèmes, ne paraissent pas en rapport avec le peu de résultats généralement obtenus.

3° Œufs achetés à l'étranger :

Les œufs de Hongrie ou d'Angleterre donnent de bien minimes pourcentages à l'éclosion.

Il résulte de cet aperçu qu'on ne peut compter que sur les œufs trouvés par les faucheurs de la propriété. Pour entreprendre un gros élevage de 500 à 1.000 œufs, il faut 40 ou 50 poules naines avec une dizaine de grosses poules servant de machines à couver et enfin, une couveuse artificielle, au cas où l'on manquerait à un moment donné de couveuses. Il faut, en calculant 20 élèves par boîte d'élevage, 25 boîtes pour 500 œufs et 40 pour 1.000 œufs.

Il est nécessaire d'avoir un enclos avec fourrage ou foin naturel, bordé par une allée sablée. Un hangar en appentis de 1 m. 70 de hauteur avec 15 mètres de longueur bien exposé au soleil et sablé est indispensable pour préserver les élèves de l'humidité. Ce hangar sera divisé en compartiments formant parquets avec plancher, à couloir sur toutes les faces.

Les poules couveuses sont placées dans des couvoirs en terre avec trappe distincte. Ces couvoirs seront installés sous un hangar avec petits enclos adjacents.

Le lever des poules a lieu deux fois par jour, matin et soir pendant vingt minutes, avant l'arrivée des œufs, une seule fois par jour ensuite. On peut mettre 20 ou 25 œufs sous les poules naines, 40 ou 45 sous les grosses poules. Les œufs béchés sont enlevés aux grosses poules et placés sous des poules naines pour éviter les étouffements.

Les jeunes éclos sont installés en boîtes d'élevage seulement quand ils sont complètement séchés et jamais après quatre heures du soir.

La boîte est installée au soleil, toit entr'ouvert avec grains et abreuvoir à la poule, en s'ingéniant pour que les petits ne puissent s'en servir. La poule restera captive pendant quinze jours, jusqu'à la mise au champ des élèves à cette date.

On donne aux élèves, comme premier repas, des œufs durs filés entre les mains avec la coquille. Au bout de trois ou quatre heures, si le temps est chaud, on donne œufs durs, un peu de mie de pain trempée dans du vin, des œufs de fourmis de prairie. On peut donner des œufs de fourmis des bois le troisième jour. On donne des boissons le deuxième jour seulement : eau rougie. En cas de pluie, le moins de boisson possible, de la mie de pain trempée dans du vin, de l'eau ferrée, de l'eau de riz, pas de verdure.

A partir du quatrième jour, les élèves sont émancipés, c'est-à-dire qu'on ne se sert plus des parquets mobiles et que la poule restant captive, ils peuvent circuler autour de leur boîte, d'abord dans un compartiment du hangar, ensuite sur l'allée sablée et enfin sur la prairie, après la rosée du matin.

On donnera six repas par jour, composés comme il a déjà été dit, en alternant avec millet, blé et sarrasin moulus, trois repas de fourmis des bois.

Avant de donner un nouveau repas, toujours enlever les restes qu'on jette dans un seau et non sur le sol; de même pour le contenu des abreuvoirs, dont on changera l'eau plusieurs fois. On doit se rappeler que c'est par une propreté minutieuse qu'on évite le mieux les épidémies. C'est ainsi qu'on doit nettoyer les boîtes deux fois par jour, matin et soir, en se débarrassant également du contenu dans un seau.

Les élèves, préparés aux rigueurs de la température par l'élevage en liberté dans l'enclos, sont mis au champ à l'âge de quinze jours.

Chaque boîte, garnie la veille de 25 élèves, est placée le matin vers cinq heures, sur un emplacement choisi d'avance, toujours en bordure d'un couvert de quelque durée.

Deux heures après, le cadre à barreaux de la boîte est enlevé, la liberté est donnée à la poule qui la conservera jusqu'à sa reprise, quinze jours environ après l'ouverture.

Les boîtes resteront toujours à la même place, la poule y revenant coucher chaque soir avec ses petits, ensuite elle ne rentrera plus.

On diminue petit à petit les repas et au bout de trois jours, on ne donne qu'un repas le matin, grain et eau.

Un seul garde peut ainsi soigner un grand nombre de boîtes en faisant sa tournée : repas et nettoyage des boîtes avant cinq heures du matin. Si les animaux nuisibles sont à craindre, il vaut mieux fermer les boîtes chaque soir, après la rentrée, principalement les premiers jours.

Dans la pratique on a toujours un certain nombre de boîtes contenant des élèves du même âge. Si l'on dispose de peu de personnel, la mise au champ par groupes de boîtes s'impose afin d'avoir son élevage concentré dans une zone déterminée en facilitant ainsi le travail du garde éleveur. Il est certainement préférable de disposer les boîtes à grande distance les unes des autres, mais les soins deviendront très compliqués de ce fait. En outre, on trouvera difficilement assez de couverts indispensables pour maintenir les perdreaux sur la propriété, et il n'est pas certain qu'on puisse ainsi éviter les bandes.

Élevage des Perdreaux Rouges.

Les perdreaux rouges sont beaucoup plus délicats à élever que les gris.

L'élevage en volière est nécessaire, au moins pendant huit jours, et en cas de pluie, il ne faut pas les sortir d'un abri avant l'âge de quinze jours.

On peut essayer l'élevage en liberté dans une sapinière à bonne exposition sur un endroit un peu élevé.

Comme nourriture, il faut donner beaucoup de verdure : salade et choux, du millet dont ils sont très friands, peu de fourmis. Comme boisson tous les deux jours de l'eau additionnée d'une cuiller à café d'acide sulfurique. Au moment de la mise en boîte des jeunes éclos se servir de boîtes vitrées.

Cet aperçu sur l'élevage pourra aider dans les débuts, ensuite chacun se servira de l'expérience acquise par la pratique et par les observations faites journellement.

*
* *

Comme dit l'auteur de la brochure, l'élevage des rouges est sans doute plus difficile, il n'est point impossible. Dans la belle chasse d'Ineuil, au regretté Marquis de Gasquet, chaque année, invariablement, il était tué, sur 400 hectares, à la première battue, 600 perdreaux, dont 300 rouges et 300 gris et pour les rouges ce surprenant record était obtenu grâce à un élevage savamment dirigé.

Les rouges sont d'un apport précieux pour le tableau. L'an dernier 1920, dans la superbe chasse de Sully, il a été tué 900 perdreaux rouges sur le territoire.

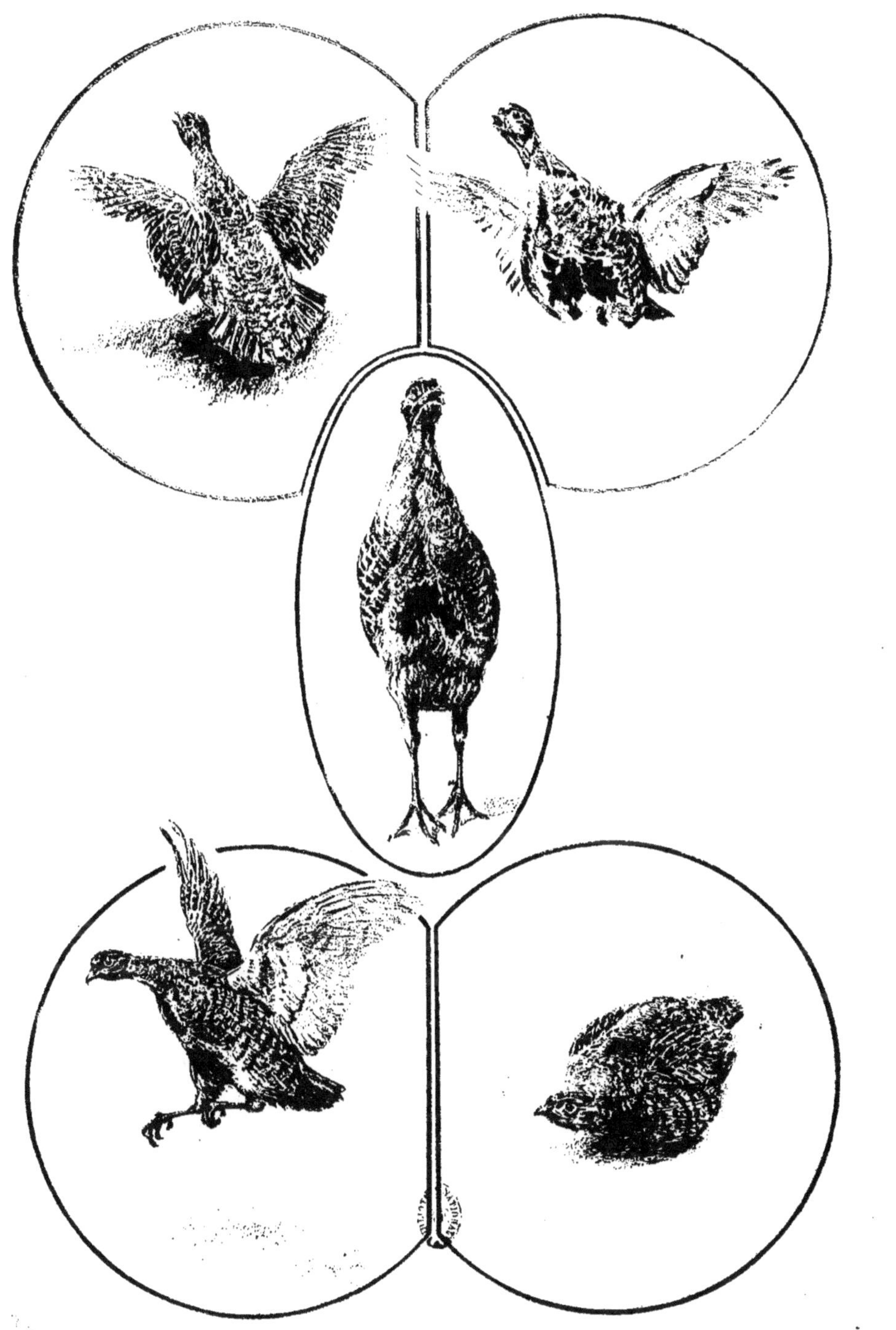

CHAPITRE III

PRINCIPES GÉNÉRAUX DE LA BATTUE :
avec deux équipes de rabatteurs,
avec une seule équipe.

La crise de la main-d'œuvre et la cherté des salaires ont fait de la réquisition des rabatteurs un problème des plus ardus. L'on ne trouve plus que des gamins qu'il faut payer le prix d'un ouvrier d'usine, et encore n'est-il possible de les avoir que le dimanche ou le jeudi, jour de congé des écoles. Disons de suite, à l'éloge de ces petits, qu'ils s'acquittent parfaitement bien de leurs fonctions, et n'était leur rage de se précipiter trop vite autour des abris pour ramasser les précieuses douilles de cuivre de préférence aux morts et aux blessés, il n'y aurait pas lieu de regretter leurs aînés. La crise de main-d'œuvre n'est que passagère heureusement, déjà les ouvriers d'usine ont une tendance à réintégrer la campagne, leurs gros salaires étant trop vite absorbés par le prix des loyers, par les délices cinématographiques ou autres. Ils commencent à comprendre que la terre, la belle terre de France, les paiera plus avantageusement de leur labeur ; qu'une bonne vache à lait et la vie au grand air rendront leurs enfants autrement robustes que toutes les nourritures frelatées des cités, qui ont fait depuis la guerre tant de victimes parmi leurs familles. N'était du reste l'espoir de reprise de la vie normale, il serait presque impossible d'entreprendre quoi que ce soit de sérieux ou de frivole.

Une excellente mesure, qui donnerait un plus grand rendement au tableau, serait d'intéresser le rabatteur au gibier tué, par exemple, lui donner en sus de son salaire fixe, 0,50 de plus, de 100 à 200 perdreaux tués, un franc au-dessus de 200 ramassés, etc...

Consolons-nous en pensant que si le rabatteur est devenu coûteux, le prix du gibier s'est accru en proportion. Avec le lièvre à 35 francs et le perdreau à 15 francs, il est difficile de comprendre que des propriétaires ne cherchent pas, soit par l'élevage bien compris, soit par le lâchage du gibier, à réduire de plus de moitié leurs frais généraux.

Le Saint-Hubert Club, sous l'habile direction de son Président, le Comte Clary, a tout fait pour obtenir en France l'entrée du gibier de Bohême ou d'Allemagne et s'est heurté jusqu'ici à des difficultés de toutes sortes inhérentes aux clauses du traité de paix et au change, mais il n'est pas homme à se décourager.

Battue à deux équipes. — Le Garde-Chef.

Avant 1914, toutes les grandes chasses disposaient de deux équipes, auxquelles venait s'ajouter parfois une troisième bande dite « bande auxiliaire n° 3 », composée seulement de quelques hommes d'élite.

L'équipe double avait l'immense avantage de permettre en une journée au moins une dizaine de rabats, de ne jamais laisser aux *Fantassins* le temps de se reposer ni de vider leurs enceintes, de ne pas infliger surtout aux chasseurs le supplice d'une attente interminable sous le soleil ou la pluie. La double équipe est donc la seule qui puisse fournir tout à la fois de l'agrément et un beau total aux invités.

Posons de suite en principe la règle suivante. Les deux équipes doivent être dirigées par le même garde, le garde-chef, si la chasse comporte une nombreuse garderie.

Dans les immenses espaces de Beauce et dans toutes les grandes plaines en général, il est absolument impossible à un homme à pied, si vigoureux qu'il soit, de faire face à une aussi rude besogne ; il ne pourrait même pas, armé d'une lorgnette, voir ce qui se passe sur les 1.000 ou 1.500 hectares qu'il devra attaquer en une seule après-midi.

La battue est une petite guerre où l'ennemi emploie toutes les ruses, varie à l'infini sa tactique d'après le soleil, d'après le vent, profite des moindres fautes de l'agresseur. Le chef d'état-major, en l'occurence le garde-chef, doit être partout, veiller aux moindres détails et savoir prendre une décision en quelques secondes. La plus légère bévue du manœuvrier donnera des battues creuses qui ne se rattraperont jamais pour le tableau.

Il est indispensable que le garde-chef soit monté pour pouvoir se déplacer très vite, d'une aile à l'autre, de l'équipe n° 1 à l'équipe n° 2, etc... et venir souvent au rapport entre les battues.

Aussitôt la première équipe arrivée sur la ligne, tandis que les victimes seront soigneusement ramassées et ensuite alignées pour le total, le garde monté devra reprendre contact avec son maître, voir si, par suite de vols imprévus, il n'y a pas d'un commun accord une modification à apporter au programme. Ceci fait, d'un temps de galop, il ira rejoindre l'équipe n° 2, équipe qu'il mettra en marche à distance, soit d'un signe convenu à l'avance avec son sous-verge, soit au son de sa trompe.

Pour le maître, s'il est vraiment sportif, et ils le sont tous ou le deviennent vite sur un beau territoire, il n'y a pas de plus grand plaisir que de diriger lui-même la bataille.

Déjouer les ruses d'un adversaire très malin, très clairvoyant, voir les compagnies bien menées se masser une à une d'un premier vol à mi-distance des tireurs, puis passer par petits paquets à chacun d'eux et dégringoler élégamment sur tout le front, est une jouissance incomparable ! Pour lui, le jour de ses grandes chasses, le tir est secondaire, n'ayant guère le temps de s'occuper de son fusil. Ah ! certains jours, la tâche est décourageante et combien de fois ne l'avons-nous pas entendu proclamer désemparé, les bras au ciel : « Mes satanés perdreaux sont immenables aujourd'hui. »

Aux périodes de repos, entre les chasses, le garde monté inspirera la plus profonde terreur aux braconneaux, leur tombant sur le dos à l'improviste. Sa monture lui permettra également de surveiller ses aides dans leurs cantons respectifs et dans les fermes distantes de plusieurs kilomètres. Les jours de chasse, c'est inouï ce qu'il pourra, à bonne allure, en les tournant, faire rentrer de compagnies tirant au flanc. J'ai constaté bien des fois en menant moi-même des battues

Le garde-chef.   Le « Patron » en liaison avec son garde-chef.

combien il était facile à cheval de conduire les perdreaux à sa guise.

Le garde portera en bandoulière une corne très sonore, rappelant, par ses dimensions, celle du preux Roland, instrument précieux entre les mains d'un homme adroit qui ne s'en servira jamais à contre-temps, mais seulement pour donner les signaux aux hommes, annoncer aux tireurs le départ du gibier dans leur direction et aussi pour empêcher les dérobades sur les ailes (1).

Dans les endroits où l'horizon est caché par une haie haute, une remise, une ligne de chemin de fer, un mur, il est indispensable que les chasseurs, souvent bavards, ne soient pas surpris. Mis en garde, leur tir n'en sera que plus meurtrier.

La place du garde à cheval devra être au centre de ses hommes s'ils marchent à bon vent, ou bien du côté de l'aile où chasse le vent, de façon à bien faire fermer et à empêcher par tous les moyens le gibier de forcer.

Quand les hommes iront se placer, il est très mauvais qu'ils partent tous ensemble du même côté du rabat ; à leur vue, les fantassins videront à gauche si les hommes font leur groupement à droite et vice-versa. Il est indispensable que la bande, si elle comprend par exemple 24 hommes, se divise en parties égales, douze à droite et douze à gauche, qui se rejoindront à l'extrémité. De la sorte, les perdreaux piéteront vers le centre et ne s'envoleront pas avant que le graphique de la manœuvre ne soit bien marqué par les deux sections qui se rejoindront en fermant les ailes, surtout du côté où il vente le plus.

Les deux équipes seront dirigées de telle façon qu'il n'y ait jamais pour les tireurs de trop longues attentes. Les rabats se succédant rapidement seront le critérium d'une chasse bien tenue et

----

(1) J'ai constaté fréquemment que les oiseaux avaient bien plus peur du bruit de la trompe que des drapeaux.

adroitement menée. De trop longues attentes sont mortellement
ennuyeuses.

Dans bien des cas et aussi pour les éviter sur les grands territoires
où la battue arrive de très loin, il n'y a aucun inconvénient à faire
une bonne partie à blanc. Jamais, en effet, des perdreaux d'ouverture, à moins de tempêtes rares à cette époque, ne feront d'un seul
essor un vol de plusieurs kilomètres ; avec un sous-verge bien stylé
ayant tous ses hommes bien en main, il y a donc grand avantage à leur
faire exécuter à blanc un quart ou un tiers du rabat, puis à les laisser
attendre sur place assis et drapeaux baissés, le signal du départ !
Par ce procédé si simple, le temps de faire deux ou trois rabats de
plus dans la journée sera utilement gagné.

Nous nous sommes demandé souvent pourquoi, en chasse de plaine,
l'allure des batteurs était celle d'un enterrement ou d'un rabat de
lapins ou de faisans. Non seulement cette allure de tortue est inutile, mais elle est nuisible; pourvu que l'alignement soit bien gardé
et la distance maintenue égale entre tous les hommes, il faut au contraire activer le pas. Néanmoins, l'allure devra être de beaucoup
ralentie, allant même jusqu'à l'arrêt, quand les hommes se rappro-
cheront de la ligne des tireurs et auront à battre d'épais couverts
d'où les perdreaux s'envoleront un à un. Ce ralentissement donnera
plus de temps aux chargeurs pour passer les fusils et le tableau ne
pourra qu'en profiter largement.

Quelle est l'utilité des drapeaux ? Nous ne les croyons pas indispensables. Coquets coquelicots, flottant au vent et égayant l'horizon, ils dessinent fort bien l'alignement, mais sont encombrants,
et nous n'avons jamais vu des perdreaux dans le vent être empêchés
de forcer par ces banderoles. Nous les pensons indispensables seulement aux ailes.

Du silence avant tout, pas de hurlements au départ des lièvres, un
alignement sévèrement gardé, une bonne cadence de marche, voici
les règles principales pour les rabatteurs.

Une indication très sûre, autant pour les gardes que pour le propriétaire, est, au début d'une battue, le vol de la première compagnie : quatre-vingt-dix-neuf fois sur cent cette volée donnera la direction à toutes les autres.

Le propriétaire et le garde-chef devront en tenir le plus grand compte et, d'après cette remarque, sans la moindre hésitation, au dernier moment, modifier la ligne des tireurs et la déplacer d'un ou deux postes vers la droite ou vers la gauche ; autrement, et surtout si le vent souffle un peu ce jour là, il y aurait grand risque de payer cette routine et ce manque d'initiative par une battue creuse. Nous ne saurions trop le répéter, aucun schéma irréductible ne doit être complètement dressé à l'avance. Le plus fin manœuvrier de perdreaux ne peut se rendre exactement compte, avant d'avoir vu la direction du vol des premières compagnies, si les postes de tous ses invités ont été bien choisis. A l'objection que le fait de déplacer plusieurs fusils au moment psychologique effarouchera les perdreaux, nous répondrons que, fort heureusement, les chasseurs ne sont pas toujours placés derrière des abris artificiels, mais derrière des rideaux invisibles, et que, tout compte fait, il vaut mieux déplacer une partie de la ligne que de servir à toute la ligne une battue creuse.

Le Vent.

Voici l'ennemi principal, celui qui rend fou le propriétaire et lui fait s'arracher les derniers cheveux qui lui restent. Par contre, Eole est la Providence, la sauvegarde du perdreau comme il est aussi l'ami du grand fusil dont il consacre la classe et sanctionne les prouesses.

Beaucoup, esclaves de la routine, ne s'en préoccupent pas assez, sous prétexte que la configuration de leurs terres les oblige à toujours prendre leurs battues dans le même ordre, les mêmes abris disposés invariablement aux mêmes endroits, d'années en années.

Y a-t-il battue ? Le garde connaît la rubrique. Huit jours avant la chasse, quand ce n'est pas la veille, il dresse et aligne ses batteries de paille ou de broussaille. Le propriétaire arrive le matin avec ses invités et la ritournelle reprend sur les mêmes fausses notes, sans prendre garde au vent, sans s'occuper des nouveaux couverts qui ne sont plus aux mêmes endroits, des semis de sapins, jadis broussailleux, dénudés et inutiles aujourd'hui, des avenues devenues trop hautes et dont les oiseaux ne veulent plus en primeur.

Quelle lourde erreur !

Il existe bien peu de territoires, de quelque étendue qu'ils soient, où, par force majeure, les battues devront invariablement être prises de la même façon sous les fallacieux prétextes ci-dessus indiqués.

Il n'existe en tout cas que de rarissimes terrains, si exigus qu'ils soient, où l'ordre des rabats ne puisse être complètement inversé, nous entendons par là commencer une seconde chasse par l'extrémité opposée au terrain battu à la première.

Nous ne serons contredits par personne quand nous affirmerons énergiquement qu'un meilleur tableau serait obtenu en chassant deux jours de suite sur la même plaine en inversant les battues, plutôt que de laisser reposer trois semaines ses perdreaux et de recommencer la danse avec les mêmes violons.

Au lieu de prendre une plaine à mauvais vent, il vaut cent fois mieux la faire à blanc, ou mieux encore laisser marcher les tireurs de bonne volonté avec les rabatteurs. Les coups de fusil, beaucoup plus efficaces que les drapeaux, empêcheront peut-être quelques compagnies de rebrousser et en tout cas celles qui forceront la ligne donneront aux bons fusils l'occasion de très beaux coups de retour.

Ce sont dans les marches en ligne qu'on s'aperçoit le mieux de la capacité marchante des perdreaux qui vident tant qu'ils peuvent et sans voler les espaces parcourus. En effet, tout en chargeant considérablement le terrain qui sera battu l'instant d'après, les chasseurs ont très peu l'occasion de tirer, et souvent même ont l'impression qu'ils ont levé peu de gibier, tandis qu'au contraire leur manœuvre aura été fort utile.

Tous les tireurs (exception faite des personnes âgées, à la disposition desquelles est mise généralement une voiture), seront enchantés de se dégourdir les jambes de temps en temps. Là encore, *in medio stat virtus ;* n'abusons pas des randonnées, car les bras et surtout les jambes fatiguées tirent mal, nous y reviendrons dans la suite.

En laissant de côté la considération du rabat à contre vent, il y a bien des cantons qui gagnent, même à l'ouverture, pour le rendement final, à être parcourus à blanc, par exemple si le but en s'espaçant sur une plaine médiocre est de recharger une autre plus riche en couverts, en remises, en sapinières, où les perdreaux éparpillés par la fusillade viendront renforcer la battue suivante et au milieu des compagnies fraîches se feront tuer un à un. Le passage de compagnies nouvelles avec de temps en temps des isolards est le rêve de la battue.

Quand le propriétaire veut être aimable pour ses fermiers (et il y trouvera toujours son avantage), une formule excellente est de leur demander de bien vouloir marcher avec les batteurs, plutôt que de les placer en ligne avec les invités. Le tir du lièvre intéresse beaucoup plus ces Messieurs que le tir du perdreau en rabat auquel ils ne sont guère entraînés. Par contre, tirant très bien au chien d'arrêt, ils seront heureux de retrouver ainsi leurs habitudes. Dans leur marche en ligne, ils tiendront en main les hommes, mieux que les gardes, car ce sont leurs ouvriers des champs. L'amour-propre qu'ils auront de faire voir beaucoup de gibier sur les terrains qu'ils cultivent eux-mêmes sera un apport précieux qu'il ne faut pas négliger.

Résumons, pour finir, les quelques points importants suivants :

1º Dans un rabat fait à contre vent, il n'y a que les perdreaux décantonnés qui quelquefois passeront aux tireurs pour retourner dans leurs cantons habituels.

2º Une battue, quand le vent contraire souffle en tempête, mal menée, donnera toujours une battue creuse et occasionnera une perte de temps de plus d'une heure, qui ne sera jamais rattrapée et compromettra grandement le succès de la journée la plus promet-teuse.

3º Une battue profonde de plusieurs kilomètres devra toujours être faite à blanc pour une bonne partie.

4º Enfin la marche en ligne des tireurs avec les batteurs devra souvent être employée, principalement par grand vent ou vent contraire.

E. MÉRITE

La Contre-Battue.

Le flic-floc, nom baroque pour les profanes, bien connu des initiés, désigne la battue double, la contre-battue où les chasseurs restent sur place et font demi-tour en changeant ou conservant leurs numéros. Depuis la guerre, il devient aussi onéreux que difficile de trouver un chargeur pour transporter, en plus du second fusil, les impedimenta à savoir : les cartouches, la chaise, les manteaux pour la pluie, matériel aussi varié qu'encombrant. Aussi, tout moyen d'éviter la fatigue aux invités est fort apprécié, car nous ne saurions trop le redire, « les jambes et les bras fatigués culottent ». Excellent en principe, le flic-floc doit être employé avec grande circonspection, surtout après les premières chasses de septembre. Le perdreau, devenu prudent, ne passera plus la double ligne et le résultat sera désastreux si la battue ne vient pas de très loin ; au bruit de la fusillade les oiseaux videront à pied sur les ailes, avant même que le rabat ne soit commencé. De toute façon, pour le flic-floc, si amusant quand il réussit, l'endroit devra être bien choisi, derrière une remise de jeunes tailles formant une sorte de couloir où, de par la configuration de la plaine, les compagnies seront toujours obligées d'affronter le feu.

Au début de la journée, la marche en ligne vaudra généralement mieux que la battue double, tandis que le soir, sur des perdreaux égrenés, la contre-battue produira de plus meurtriers effets.

Convient-il pour la réussite finale de commencer la journée par l'endroit où il y a la plus grande densité de compagnies, ou vaut-il mieux le réserver pour la fin ? Il semblerait que ce fût par le canton, où, d'accord avec ses gardes, le propriétaire connaît le plus de compagnies, qu'il vaudrait mieux débuter. Les « rapprocher », disons mieux les battues creuses, sont fort ennuyeuses après déjeuner, donnant l'idée que la journée va rater, tandis qu'une belle traque au début, mettra l'invité en tir et influencera favorablement son moral. L'autre raison décisive est que le soir l'on est absolument sûr de retrouver au même endroit les *fantassins* tous de retour dans les couverts, à l'heure du couvre-feu, et de faire un triomphal bouquet.

Il ne faut pas oublier pourtant qu'après un bon déjeuner généralement matinal, l'invité mange trop et reste quelque temps alourdi par le travail de la digestion. Il est donc plus prudent de lui laisser le temps de souffler tout à son aise et de ne lui offrir comme hors d'œuvre qu'une battue de qualité moyenne, mais aussitôt après un très beau rabat sera tout indiqué et fort bien accueilli par tous.

La Bande auxiliaire nº 3.

Aux jours heureux où l'on disposait, à des prix abordables, d'autant de rabatteurs que l'on voulait (puisse cet âge d'or revenir bientôt et consolons-nous à l'idée que le prix du gibier a monté en proportion du salaire de ceux qui aident à l'envoyer aux Halles), il était très utile d'adjoindre, aux deux équipes classiques, une équipe auxiliaire volante nº 3, dite « Soufflet », composée de très peu d'hommes, une dizaine à peine, choisis parmi les plus sérieux et dirigée par un sous-verge intelligent ou un paysan dégourdi, connaissant à fond son terrain et ses perdreaux.

Le rôle de cette bande était toute d'initiative. Ne jamais laisser au repos les fantassins, harceler sans répit sur les bordures de la zone dangereuse les tire-au-flanc pour les forcer à rentrer, charger les battues au moment même où elles allaient se faire, renforcer une aile dans les endroits où le perdreau semble au dernier moment vouloir se dérober, les faire sortir des jeunes tailles ou remises, les amener aux couverts et les y conserver avec soin en les encerclant à bonne distance par une ligne de banderolles animées. Autant le soufflet rendait d'inestimables services, il y a quelques années, autant il peut être considéré aujourd'hui comme de haut luxe et destiné à des temps meilleurs qui reviendront, n'en doutons pas.

La Battue à une seule équipe.

Devant la difficulté de se procurer enfants ou adultes, c'est la battue dont on est obligé de se contenter le plus souvent, hélas! Ses principes sont les mêmes que pour la battue à deux équipes. Il faut, en plus, diriger la manœuvre de façon à ce que batteurs et tireurs marchent alternativement, laissant les hommes de temps en temps se reposer sur place, tandis que les chasseurs, soit à pied, soit en voiture, iront rejoindre de lointains abris.

Le tableau est toujours plus pauvre avec une seule équipe, car il devient presque impossible de fatiguer les perdreaux.

Avec la double équipe, dans une chasse bien organisée, il était assez facile de faire dix battues par jour, en commençant la chasse à onze heures, tandis qu'avec une seule équipe, il faut bien tout combiner et ne pas perdre un instant pour atteindre 6 à 7 rabats avant la tombée du jour. Avec une seule équipe, il faut pour réussir faire marcher beaucoup plus chasseurs et fermiers. Ce sera la seule façon de fatiguer un peu et de disperser les oiseaux.

NOTA. — Nous n'envisageons pas l'hypothèse des automobiles des invités conduisant les tireurs à leur place, cette manœuvre est plus spécialement utile dans la battue simple, mais est également appréciable pour gagner du temps dans la battue double, surtout sur les très grandes étendues.

Les Abris.

L'abri naturel est incontestablement le meilleur. Plus l'on pourra utiliser pour se cacher remises, haies, avenues d'acacias ou de sapins, chemins de fer, routes, carrières, vallées, murs et fossés, plus l'on se rapprochera de l'idéal.

ABRI ANGLAIS

Dans certains cas, le territoire est tellement nu, tel l'Océan des plaines beauceronnes, qu'il faut trouver un moyen de dissimuler tant bien que mal les tireurs, généralement plus mal que bien. Dans ce cas, on use des abris de feuillage d'ajoncs, de paille, piqués en terre à des distances de 40 à 50 mètres, suivant les ressources dont

NOTA. — Une battue sur terrain absolument nu et derrière des abris artificiels, si elle n'est pas adossée à des remises ou à de gros couverts, ne réussira jamais, quelle que soit l'abondance du gibier.

on dispose. Les abris français la plupart du temps sont trop hauts,
convenant à des gens de six pieds, le tireur petit ou de taille moyenne y est au supplice, courant de droite et de gauche, ne voyant rien
et toujours surpris. L'abri anglais est plus compliqué à faire, mais
a l'avantage de mieux dissimuler le chargeur sur les côtés, il est

Trou-abri.

toujours plus bas, bien que les Anglais soient généralement très
grands, mais chez eux souvent le chargeur se met à genoux pour
être moins en vue et passe le fusil dans cette position.

Trop souvent chez nous le chargeur, que le tireur est dans l'im-
possibilité de surveiller en même temps que son champ de tir, se fait
beaucoup trop voir et la compagnie passe aux voisins mieux dissi-
mulés. Les bons gardes bien des fois en font la remarque.

Plus rarement sont employés les trous avec épaulement en terre, broussailles, ou bottes de paille. S'ils épouvantent beaucoup moins les oiseaux que les abris droits en batterie, qui s'apercevant de plusieurs kilomètres sont bien connus des vieux coqs d'avant-garde, il est très difficile de rencontrer des fermiers qui les laissent creuser et c'est une main-d'œuvre et une dépense considérable sur de grandes étendues. Quand il pleut, on y est fort mal à l'aise. De toute façon le tir au trou est plus difficile, il faut prendre l'habitude de tirer carrément, assis sur sa chaise ou par terre, jamais mal planté sur ses jambes, ni cassé en deux.

Les trous-abris sont employés à Artenay, dans la belle chasse de M. F. Colombel, un territoire nouvellement organisé, où il se fait de féeriques tableaux. C'est à Artenay également que nous avons vu le plus savamment pratiquer la marche en ligne des chasseurs, qui contribue pour une bonne part au succès.

Le mieux serait de se passer le plus possible d'abris artificiels, nous en reparlerons plus tard et nous verrons que les grandes chasses où, de père, en fils les propriétaires ont le plus songé à améliorer leur plaine en y créant haies naturelles, oseraies ou remises; sont aussi les plus réputées, celles où l'on fait les plus beaux totaux.

Du mode de placer les tireurs.

Première Hypothèse.

Le propriétaire place lui-même ses amis, c'est une besogne d'autant plus ardue qu'ils seront plus nombreux. Préoccupé déjà d'une foule de détails dont dépendra la réussite de la journée, il devra courir de l'un à l'autre, intervenir constamment auprès des bavards ou des retardataires, des flirteurs s'il y a de jolies femmes. S'il est jeune, ne regardant pas à sa peine, c'est la manière, comment dirons-nous, la plus gentlemanlike, la plus élégante, car il saura, mieux que personne, ceux que la veine a trop favorisés aux dépens de certains guignards (Dieu sait le rôle que la veine joue pour les places), il favorisera ceux qui ont un voisin coupeur ou un grand fusil qui ne laisse jamais rien venir par le flanc.

L'autre manière, la plus équitable, celle qui satisfait tout le monde et ferme le bec aux neurasthéniques, jamais contents, consiste à tirer au sort les numéros avant la chasse. D'après ces numéros, établis suivant un barème, les tireurs passeront par toutes les places de 1 à 10 par exemple, s'il y a dix rabats dans la journée, et trouveront sur un morceau de papier ou un petit calepin, l'indication de leurs postes à chaque changement de place.

NOTA. — Il y aurait toujours avantage, pour le tableau, à placer un fusil moyen entre deux bons fusils.

Là encore se lève un point de discussion dont les roublards, ceux qui veulent toujours avoir la bonne place, cherchent parfois à tirer profit. Dans quel sens commencera le n° 1 de la battue ? Généralement à gauche !!! Pour qu'il n'y ait pas de malentendu, il vaut mieux marquer les numéros sur les abris artificiels et dans les deux sens, s'il y a contre-battue. Derrière les abris naturels seront fixées de petites fiches en papier.

Si le propriétaire de la chasse reçoit chez lui un invité de marque, il laissera le n° 00 toujours libre et placé au centre de la battue.

Dans les chasses en société, les co-associés tirent toujours leurs numéros et ils ont cent fois raison.

Si l'on est sportif, la joie de diriger soi-même sa battue à pied ou à cheval et l'amour-propre de la voir réussir sont si intenses, qu'il est bien difficile de tirer ce jour-là au mieux de sa forme.

Le tableau de la journée sur bien des chasses est souvent négligé. La nuit vient trop vite, le propriétaire veut amuser ses invités jusqu'à la dernière minute. C'est grand dommage, car rien n'était joli comme l'alignement des victimes sur une belle pelouse du château. L'habitude de dresser un tableau sommaire après chaque rabat est un bon contrôle pour le propriétaire. Mais qu'il se garde bien de demander à chaque invité ce qu'il a tué, il ne s'y retrouvera jamais !!!

1er Dispositif.

Dispositif de Battue n° 1.

Les rabatteurs suivent une ligne absolument parallèle à celle des tireurs. Nous avons vu employer cette méthode, à Sandricourt, par le Marquis de Beauvoir, un maître incontesté dans le maniement du perdreau.

Par temps calme, le procédé est excellent, a l'immense avantage de faire tirer toute la ligne sans favoriser les chasseurs postés aux ailes, il est par conséquent très meurtrier pour le gibier.

Par vent contraire, il serait le plus mauvais de tous, mais ce n'est pas le Marquis de Beauvoir qui aurait commis la faute de mener ses perdreaux à contre vent.

Dans cette marche parallèle, le garde-chef doit maintenir l'alignement parfait, empêcher les cris, se tenir au centre et surtout modérer l'allure de ses hommes quand ils se rapprochent de la ligne de tir, principalement s'il y a de gros couverts dont les perdreaux s'envoleront un à un. Ce tact des dernières minutes sera très bien compris par un bon garde et augmentera sensiblement le nombre des victimes.

2ᵉᵐᵉ DISPOSITIF

Dispositif n° 2

Les rabatteurs ferment beaucoup sur la gauche ou sur la droite des chasseurs, c'est-à-dire du côté le plus exposé au vent, dans le but d'empêcher les oiseaux de forcer.

Cette manière généralement employée n'en est pas meilleure pour cela et offre de très graves inconvénients

Avant la battue, nombreuses sont les compagnies qui vident à pied *la poche du côté où elle est ouverte*, l'aile marchante les y invite évidemment. Le perdreau tout près du sol entend de très loin le bruit des pas des hommes et se précipite à pied du côté opposé. Pendant la battue, tous les oiseaux passeront aux tireurs placés aux abris numéros 1 et 2, les autres se consoleront difficilement en les regardant seuls s'amuser.

Voyez un rabat où les hommes apparaissent à l'une des ailes une demi-heure avant l'arrivée de l'autre aile, il ratera neuf fois sur dix, parce que neuf fois sur dix, les hommes négligeront une partie de la battue ou même passeront en plein dedans sans s'aligner pour se rendre plus vite à la position repos. Si l'on veut avec profit employer la méthode d'une aile marchante, très en avance sur le pivot, il faut qu'elle arrive au but très peu de temps avant l'autre par bonds successifs et comme à tâtons.

Quoi qu'il en soit, la place du garde-chef dans cette formation devra être mobile, avec tendance à activer l'allure de l'aile en retard, où il serait très utile d'avoir quelques fusils pour fermer la porte ouverte aux dérobades inévitables.

L'intervalle entre les abris doit toujours être de 40 à 50 mètres, le manque de place a obligé de les resserrer beaucoup trop sur ce dessin.

Dispositif n° 3.

Les batteurs avancent suivant un cercle parfait dont le diamètre est la ligne des postes.

A notre avis, en terrain découvert, c'est de beaucoup le meilleur dispositif, nous devrions dire le seul à recommander et à employer, à la conditions expresse que des tireurs soient placés en retour aux deux ailes opposées.

Nous tenons à insister beaucoup sur la question des retours dont nous n'avions pas parlé jusqu'ici. On n'en fait pas assez usage dans la crainte justifiée du reste des accidents, mais il nous semble qu'avec certaines précautions, l'emploi pourrait en être généralisé sans danger et avec le plus grand profit. Il faudrait, par exemple, aux deux extrémités de la ligne et à 100 mètres des deux tireurs extrêmes (le n° 2 et le n° 8, par exemple si l'on est 9 fusils) planter deux grands drapeaux, et à 50 mètres au-delà placer les deux tireurs n° 1 et 9. De cette façon, à 150 mètres, même dans l'hypothèse d'une imprudence, tout danger de plomb serait écarté. Sans doute quelques perdreaux passeront aux drapeaux hors de portée des fusils en retour, mais cela vaut mieux que d'éborgner un ami. L'on pourra même, si l'on veut, placer plusieurs autres fusils en retour, mais en tenant compte de ces précautions. Rien ne contribue tant au succès

NOTA. — D'après les auteurs Anglais les plus réputés traitant la question, il n'y a pas d'exemples de battues en Angleterre sans retour aux deux ailes.

d'une traque que les coups de fusils tirés sur les ailes dès le début. Nous avons vu employer dans ce but de gros pistolets à terribles détonations. D'aucuns même donnaient à leurs batteurs de gros fouets de postillons dont les claquements simulaient les coups de feu.

Il n'y a vraiment que la battue en cercle, le rond, en l'occurence le demi-rond, qui puisse répartir le gibier équitablement entre tous les tireurs et donner de merveilleux résultats. Tirés dès le commencement du rabat (n'oublions pas que c'est la première compagnie dont le vol donne la direction à toutes les autres), les perdreaux se concentreront vers le centre à pied et au vol, et affolés, ne sachant plus où aller, fusillés de droite et de gauche, tirés par devant et en arrière de la ligne par les gardes supplémentaires ou les fermiers marchant avec les hommes, ils passeront à tous les invités, sans exception, et c'est le cas de le dire, laisseront beaucoup de leurs plumes.

De la Profondeur des Battues.

Quelle doit être la profondeur d'une battue ? Cette importante question, dont dépend beaucoup la richesse du résultat, est très variable, tient d'une part à l'époque de la chasse, à l'abondance et à la nature des couverts, à la diversité des régions, de l'autre au plus ou moins d'étendue du territoire. Dans les immensités de Beauce ou de Champagne, le rabat peut être pris de très loin, même en primeur. Nous l'avons déjà dit, le perdreau de Loir-et-Cher, pris à bon vent, se décantonne volontiers, espaçant ses vols avant d'aborder délibérément la ligne des tireurs ! Peut-on en dire autant des autres pays, nous n'oserions pas l'affirmer et croirons plutôt que l'oiseau beauceron fait presque seul exception à la règle du décantonnement les jours de chasse.

Quoi qu'il en soit, à l'ouverture, dans des plaines agrémentées de nombreux couverts tels que chaumes à hautes tiges de blé, champs de betteraves de plusieurs hectares, remises de toutes essences rapprochées des chasseurs, il serait imprudent de faire partir de trop loin les rabatteurs. Les perdreaux d'ouverture encore mal entraînés au vol, les jeunes classes n'ayant pas encore vu le feu, n'auront d'autre idée à la première alerte que de se sentir les coudes, qui à pied, qui à un vol hésitant et de se regrouper à leurs abris habituels. Il serait donc infiniment dangereux de leur imposer des vols successifs, car la plupart, sous la direction d'un vieux coq à chevrons, forceront en arrière ou sur les flancs aux premières fusillades. En conséquence, si l'on dispose de couverts bien fournis s'étendant à bonne distance des abris naturels ou artificiels, point n'est besoin en primeur de pratiquer de trop profonds rabats. Il est bien difficile de citer des chiffres précis, il nous semble pourtant que la profondeur minima d'une battue d'ouverture devrait être de 500 à 600 mètres en terrain couvert.

Si la plaine au contraire est nue, il y a tout intérêt à prendre d'un seul coup de grands espaces, mais ce sont les battues les plus difficiles à conduire et il faut observer avec la plus grande rigueur la règle de faire à blanc un rabat médiocre pour intensifier le rendement d'un rabat meilleur. En plaines dénudées, genre Beauce, la profondeur de battue ne devra pas dépasser trois à quatre kilomètres.

Dans la battue sur place, suivie d'une contre-battue, il faudra toujours que la profondeur du flic-floc soit très supérieure à celle du premier rabat. Autrement, les oiseaux apeurés par les détonations videraient, avant même le déploiement des hommes.

Résumé des Règles de la Battue.

Pour bien réussir une battue, il faut avoir un bon garde-chef monté, sans cesse en liaison avec le propriétaire et dirigeant toujours à cheval ses deux équipes.

Ne pas tracer des schémas immuables d'une année à l'autre, se conformer aux caprices du vent et aux incidents de la journée qu'il est impossible de prévoir longtemps à l'avance.

Ne pas faire toutes les battues dans le même sens et sur les mêmes postes, sous prétexte qu'il y a dix ans au même endroit et à la même remise, il fut fait une chasse mirobolante !!

Faire marcher de temps en temps les tireurs, surtout pour les battues à contre-vent qui ne pourraient être prises autrement. Même à bon vent, même aux battues d'ouverture, charger par une battue à blanc n° 1, la battue n° 2 où il y a le plus de couverts, partant de ce principe qu'une battue bien préparée donnera plus de victimes et procurera plus d'amusement aux invités que deux ou trois battues médiocres.

Chasser beaucoup en septembre, oublier les perdreaux en mi-octobre où ils passent mal, dérangés par les travaux des champs et les premiers labours, reprendre les battues en novembre et décembre, ne jamais tirer de perdreaux en janvier.

Dans les territoires un peu artificiels, ne pas trop ménager aux premières chasses le perdreau d'élevage, bien moins attaché au sol que le naturel et qu'on ne retrouvera souvent pas aux secondes battues, autrement, il irait se faire tuer sur les bordures.

Commencer toujours la chasse par le canton où il y a le plus de perdreaux et finir le soir au même endroit.

Pratiquer l'élevage judicieusement dans les territoires peu giboyeux pour les améliorer. Y lâcher autant que faire se pourra du gibier naturel, vigoureux, sain et de provenance sûre, coqs et poules alternativement.

Ne pas faire fi du lièvre dont l'excès en nombre nuit évidemment à l'ordre de la battue, parce qu'il excite au plus haut point les rabatteurs, mais dont la quantité indiquera toujours une chasse bien gardée et bien tenue. Nous citerons comme exemple la superbe chasse de Voisins où le Comte de Fels a su conserver à peu de chose près la densité de ses lièvres d'avant-guerre. Les ronds de lièvres agrémentés de nombreux vols de perdreaux y sont admirables.

Il convient de mettre toujours des tireurs en retour, tout en suivant les règles de la plus extrême prudence. En terrain découvert, principalement, une battue ne saurait réussir sans retour aux deux extrémités.

Pour faire passer des perdreaux au-dessus d'une ligne d'arbres un peu hauts, avenues de sapins ou remises, il paraît indispensable de flanquer son terrain de 2 ou 3 tireurs en retour, du côté bien connu des gardes où se produit le plus souvent une fuite. De même, dans une vallée encaissée, il sera tout indiqué de placer un retour sur la crête à l'endroit le plus exposé aux dérobades. De la sorte, le manœuvrier aura la surprise de voir des compagnies qui avaient obstinément refusé la ligne à une première chasse, la passer très correctement à une seconde battue.

Quand des avenues ou lignes d'arbres sont devenues d'années en années trop hautes, et que les perdreaux les refusent systématiquement, un moyen très simple de les forcer à les survoler comme autrefois est, en élaguant les grosses branches ou en coupant quelques têtes, de figurer des trous en face des principaux postes occupés par les chasseurs. Il serait bon, au besoin, d'abattre quelques arbres, s'ils étaient trop serrés.

CHAPITRE IV

DU TIR DE CHASSE

Je n'ai pas qualité pour traiter dans le détail cette intéressante question, aussi renverrai-je mes lecteurs aux Shooting Lessons de tous les auteurs anglais, parfaitement documentés. Je recommande une très bonne brochure du Comte Clary, notre incontesté premier fusil (1).

Je me permettrai de faire en passant une critique à plusieurs de ces méthodes, trop théoriques, ne traitant pas tous les cas, ne tenant pas assez compte surtout des capacités particulières, ni de l'individualité de chaque tireur.

Dans ma longue carrière de tir au pigeon, j'ai pu faire cette remarque : Il y a deux catégories bien distinctes de tireurs : les *viseurs* et les *boîtiers*, ceux qui jettent leur coup comme on jette une pierre, l'oiseau instantanément jugé, car je ne parlerai pas de l'exécrable méthode qui consiste à tirer dans le bruit et le déclanchement de la boîte. Les tireurs de boîtes ne furent jamais que des gaffeurs. Les viseurs, plus méthodiques, plus sûrs d'eux-mêmes, ont toujours formé l'élite des grands maîtres de notre époque, tant au tir aux pigeons que sur le field.

Dans le camp étranger, viseur était l'Italien H. Graselli, qui a

---

(1) *Tir de chasse*, par le Comte Clary, dans la *Chasse moderne*, publiée par la Librairie Larousse.

établi le formidable record de gagner trois fois en quatre ans le grand prix de Monte-Carlo, viseur le célèbre australien Mackintosh, les Robinson, les Roberts. Viseurs, les grands tireurs français disparus : MM. Journu, J. Guimet et le Comte de H. Larcinty-Tholozan, mort à l'ennemi. Viseur enfin, viseur entre les viseurs, le Comte Raoul de Quélen, aussi merveilleux tireur aux pigeons qu'à la chasse, et qui, l'an passé, à 70 ans, gagna le grand prix du Bois de Boulogne sur des Zuritos, oiseaux espagnols, au foudroyant départ.

Il fut champion du Bois de Boulogne en 1876, gagnant du dernier championnat en 1892, entretemps 4 fois champion, etc.

Le Comte de Quélen est certainement la plus belle figure sportive de notre époque, le plus bel exemple vivant (et qui vivra longtemps encore pour la plus grande joie de ses nom-

COMTE RAOUL DE QUÉLEN.

NOTA. — Le tir aux pigeons, admirable école de coup d'œil et de sang-froid, est en même temps l'académie des chasseurs, des armuriers et des poudres. Aussi, ne peut-on que déplorer la campagne de la S. P. A. qui ne tend à rien moins qu'à supprimer les deux sports les plus démocratiques, la pêche et la chasse. Il est sûrement malaisé de faire du boudin sans égorger un cochon, de manger un poulet sans l'étouffer ou lui couper le cou, de cuire une savoureuse langouste sans l'ébouillanter cruellement, de prendre des saumons ou une truite sans les sortir de l'eau ! En attendant que ces âmes candides aient trouvé le moyen de tuer sans les faire souffrir les bêtes dont elles se nourrissent, nous leur conseillons le végétarisme à outrance.

breux amis) à donner à la jeune génération des danseurs de shimmy avec ou sans frisson..... Il a excellé dans tous les sports quels qu'ils soient, épée, yachting, fusil, pêche, etc. C'est en plus un homme d'action, un camarade aimable, toujours rayonnant de gaieté et de jeunesse, une belle intelligence s'adaptant à tout, un mécanicien de premier ordre. Son plus grand plaisir est de s'enfermer dans son atelier pour mettre la main à la pâte.

En dépit de cette nomenclature où nous nous excusons de n'avoir cité que quelques noms, nous devons dire que le tir au visé n'est à la portée que d'un nombre très restreint de fusils, remarquablement doués, totalement dépourvus de nerfs, chez qui la sûreté de l'œil permet toujours de centrer le premier coup pour foudroyer l'oiseau et qui savent d'instinct qu'handicapés par la cartouche et la distance, leur deuxième charge donnera moins bien. Quelle science, quelle possession de soi-même ne faut-il pas en effet, pour mettre d'accord en quelques secondes le doigt, l'œil, le guidon, la mire (car ils ne négligent aucun de ces facteurs) pour corriger la faute première et arrêter net du second coup un oiseau manqué, terrible d'allure, dans une enceinte distante de 17 mètres seulement des boîtes à la barrière ?

Aussi arrive-t-il souvent à ces grands maîtres de tuer net en dehors de l'enceinte, mais jamais ils ne commettront la gaffe, c'est-à-dire ne manqueront un oiseau facile ou blessé si légèrement qu'il soit.

La méthode des *boîtiers* consiste non pas à tirer la boîte, ce qui n'a jamais fait que les délices du betting, mais à jeter leur coup du tac au tac, les yeux grands ouverts dès que l'ombre et le profil du pigeon se dessinent et à précipiter, voire même à augmenter cette cadence au second coup. Les boîtiers éprouvent bien des déboires parce qu'une fois lancés ils ne peuvent plus ralentir leur cadence, mais s'ils ont encore des yeux très jeunes, des bras bien musclés, ils tueront souvent des pigeons réputés intuables et auront en général un second coup plus brillant et surtout plus efficace que les viseurs. Les boîtiers auront une carrière brillante de moindre durée que leurs émules. Sitôt que leurs yeux ou leurs forces physiques déclineront, ils ne retrouveront jamais plus leur belle forme de jeunesse et seront incapables de réussir en employant une autre méthode.

Je suis très confus de me citer comme exemple : je n'ai jamais réussi aux pigeons qu'en tirant du tac au tac et aussi près que possible de la boîte. Je fis dans ma carrière des gaffes colossales, dont j'ai gardé la chair de poule, mais j'eus la bonne fortune de gagner tous les grands prix de France et la plupart de ceux de l'Etranger. Je ne crois pouvoir mieux faire pour démontrer que les deux méthodes se retrouvent à la chasse, que de copier les pages suivantes, écrites par un vieux camarade de mes chasses à la Sauvagine, en Algérie et Tunisie et qui fut l'un des plus merveilleux fusils que j'aie eu le plaisir de rencontrer (1).

« Les ouvrages les plus classiques donnent parfois sur le tir des conseils étranges... Suivre par exemple le gibier du bout du canon, c'est très joli à dire, et encore ne nous plaignons pas, on nous fait grâce du guidon. Mais quand une bécassine, un oiseau rapide et crochetard s'envolent, on ne suit rien du tout, si ce n'est du regard.

Quant à fermer un œil, prendre la ligne de mire, avancer une épaule, baisser la tête, lever le coude, que sais-je encore, ce sont un tas de cérémonies qui font perdre un temps précieux.

Pour ma part, je me contente de bien regarder ma pièce, comme si je voulais la photographier du déclic instantané de mes yeux, je tire ensuite, je tue ou je manque..., mais mes yeux ne quittent pas l'oiseau, s'il est à terre, je le ramasse, sans quitter l'endroit du regard, sinon je vais à la remise ou bien je passe à un autre.

« L'important là-dedans, ce sont les jambes. Oui, c'est bel et bien avec les jambes qu'on tue. Je ne parle pas du plus ou moins d'élas-

----

(1) *La Conquête des Nefzas*, par J. Segond.

ticité ou de résistance du jarret. Je parle de l'équilibre. Savoir s'équilibrer sur n'importe quel terrain. Voilà pour moi tout le secret.

« Ce sont les jambes autant que les bras qui doivent prendre la direction du gibier et le suivre.

« Je suis surpris du silence des traités de chasse sur ce point. Essayez de tirer à cheval et vous verrez combien les conditions du tir sont changées, avec quelle grâce on manque. Même assis sur une chaise, le dos appuyé, on tire mal. Le poids du fusil exige le contrepoids de tout le corps. A la chasse, on tire toujours trop vite, il ne faut pas confondre vitesse avec précipitation. . . . .

. . . .

« A la chasse, comme ailleurs, il y a une infinité de façons de manquer. Je n'aurai certes pas la prétention de les énumérer toutes, mais je constate qu'il existe, dans la façon de tuer correctement, deux écoles.

« Il y a les *suiveurs*, ceux qui appliquent l'excellente formule « prendre en l'accélérant le mouvement de la pièce, passer devant ou au-dessus, ou au-dessous, et tirer ». C'est la théorie classique, c'est la meilleure, je l'avoue en toute humilité, n'ayant jamais pu me résoudre à l'appliquer.

« D'autres, aussitôt la pièce aperçue, exécutent les mêmes mouvements, mais « en dedans » sans faire un geste, puis quand ils l'ont dans l'œil, tirent brusquement en visant le point d'intersection probable où leur plomb le rencontrera... Je serais tenté d'appeler ceux-ci les « croiseurs ». Ils ne font que de l'instantané, quand ils manquent, leur coup est presque toujours derrière.

« Dans bien des instantanés on n'a pas le choix. Le départ subit d'une bécasse dans le fourré, son claquement d'ailes caractéristique, suffit à provoquer en nous toute une série d'opérations mentales que nos mouvements traduisent à mesure. On dirait que dans cette série d'opérations presque simultanées, intervient ce facteur inconnu qui, dans nos rêves les plus compliqués, abolit la notion du temps.

Voir l'oiseau, reconnaître que c'est une bécasse, constater la direction qu'elle prend, viser, tirer, remarquer quand elle tombe, qu'elle
est blessée, soit à l'aile, soit en plein corps, soit seulement aux pattes,
tout cela d'un même coup d'œil, en moins d'une seconde, le temps de
l'apercevoir entre deux branches.

« Notre volonté à proprement parler n'a pas agi. Tout a été spon-
tané, irréfléchi, si l'on préfère. Par la force de l'habitude, le conscient
a passé dans l'inconscient.

« Le *suiveur* dont le fusil accompagne la pièce continue à la suivre,
même après qu'il a tiré et manqué. En terrain découvert, sur un
gibier dont l'allure est régulière, sur le perdreau par exemple, qui
vole droit, il a incontestable supériorité sur le *croiseur*. Celui-ci se
rattrape souvent au second coup, ayant manqué au premier, mais
n'ayant pas poursuivi son mouvement, il a moins à rectifier, il se
trouve, avant son deuxième coup, exactement au même point
qu'avant le premier ; le *suiveur* a une tendance à répéter la faute
commise, le « croiseur » préfère en commettre une autre, mais pas
la même.

« Comme compensation, le « *suiveur* » a cet autre avantage qu'il
n'est pas nerveux, sa façon méthodique de procéder le démontre. Il
évitera le défaut du croiseur qui est un impulsif et qui bien souvent
énervé d'avoir tiré trop vite son premier coup, tirera encore plus
vite le deuxième.

« On naît suiveur ou bien croiseur. Il est toujours malaisé de
changer son tempérament. Peut-être est-ce l'inconscient motif de
ma prédilection pour la bécassine qui manque un peu dans son vol
d'esprit de suite. Le fait est qu'avec elle l'instantané m'a toujours
assez bien réussi.

« On manque encore pour plusieurs raisons. On manque parce
que l'on se presse trop ou qu'on a le trac... Le trac et la peur sont
deux choses très différentes. Les gens les moins peureux sont sujets
à avoir le trac.

« Le trac, c'est l'appréhension, non pas d'un danger, mais d'une rupture de l'équilibre, soit physique, soit surtout moral ; c'est la peur de manquer qui fait faire des choses très bêtes inconsciemment, on manque alors un lièvre arrêté, assis sur son derrière, j'ai vu des gens manquer jusqu'à un train, tellement affolés qu'ils prenaient celui d'à côté. Quant à la vraie peur, quand on y est sujet, le plus simple est de mettre son fusil au râtelier et de faire de la tapisserie, si toutefois on ne craint pas de se piquer les doigts. »

. . . .

Nous sommes absolument d'accord ! Ce que M. Segond appelle les *suiveurs*, nous les avons désignés sous le nom de viseurs. Aussi, pour former ou conseiller un débutant, il convient tout d'abord de sonder ses dispositions naturelles, de tâter ses réflexes. Si c'est un impulsif, un nerveux, le tir rapide, au coup d'épaule, lui conviendra à merveille ! Est-il au contraire pondéré, maître de ses nerfs, le tir réfléchi, savant et au visé sera tout indiqué pour son cas. Nous pensons que pour le premier une crosse courte, qui n'accroche jamais le vêtement, mise en un clin d'œil sur l'épaule, sera tout indiquée, tandis qu'une crosse un peu plus longue conviendra mieux au second. Nous croyons que pour le tir de battue, au-dessus de la ligne d'horizon, une crosse plutôt courte, passant par l'œil du chasseur, est avantageuse, mais comme elle ferait tirer trop bas un oiseau au-dessous de la ligne d'horizon, il convient de s'en tenir à une longueur moyenne.

Pour mémoire, un de nos tous premiers fusils, en même temps que le plus grand de tous pour la taille, M. Henri Huillier, tireur aussi sûr que rapide, se sert en battue, merveilleusement, d'une crosse très courte.

Le Tir de l'Alouette.

A notre époque si maigre en ressources pour l'entraînement des sportifs, il est assez malaisé de fournir de bons tuyaux aux jeunes tireurs. Je ne saurais trop leur recommander le tir de l'alouette au miroir qui commence les premiers jours d'octobre, les passages les plus intensifs sont du 20 octobre au 15 novembre, après ils se ralentissent et finissent aux premiers grands froids de décembre.

Le gracieux volatile se présente de toutes les façons aux fusils,

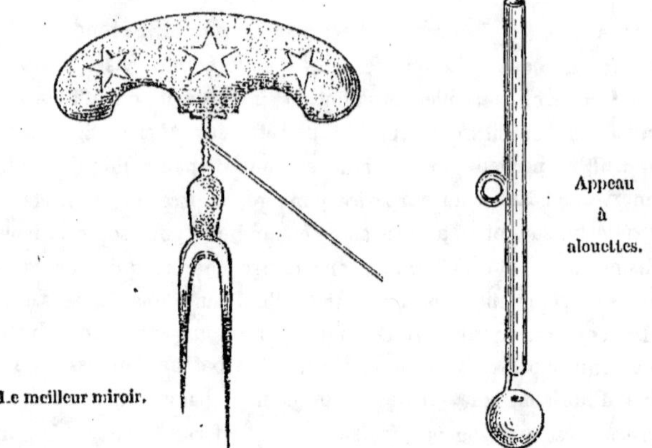

sous tous les angles de la chasse en battue, individuellement ou en très grosses bandes. En dépit d'un préjugé très répandu, il ne mire que fort rarement en vol plané ralenti, tout près du miroir.

Par grand vent et Dieu sait si le vent souffle en octobre sur les points les plus élevés des plaines, l'alouette est diabolique à tirer, plus difficile que le plus vite des perdreaux de Beauce. Familier de ce sport que j'ai pratiqué pendant plus de trente ans, je me permettrai de formuler au galop quelques conseils.

Piquer le miroir sur le point le plus haut d'une plaine dans la partie la plus riche en chaumes, le plus loin possible de tout bois ou remise, se cacher dans un trou, derrière un talus de route ou dans une carrière. Si la plaine est très découverte, derrière un abri de branchages, n'employer jamais le miroir mécanique qui s'arrête toujours au moment psychologique. Avoir le soleil derrière soi ou à sa droite, cela dépend des circonstances, se munir d'un appeau, se garer des miroirs à multiples facettes, le meilleur est un miroir en simple bois verni ciré, avec facettes de plomb comme l'indique le dessin. La meilleure heure pour les passages est de 7 heures du matin à 11 heures. L'après-midi est toujours médiocre. Il n'est pas exact non plus de dire que ce sont les matinées de gelées blanches les plus favorables, ce sont par les temps pluvieux où le soleil se cache et se montre alternativement que j'ai le mieux réussi. Pour plus de détails nous ne saurions trop recommander l'intéressante brochure si joliment écrite de M. André Simon (1).

Aux jours de tempête, si fréquents en novembre, les oiselons passent en tourbillons. Je demande à mes lecteurs qui se passionneront très vite pour ce tir, dès qu'ils y auront goûté, d'essayer par grand vent les deux méthodes de tir, celle du visé ou du coup jeté comme on jette un caillou à la main.

Je me rappelle certain jour d'ouragan dans la plaine de Caen, les alouettes, obligées de prendre le vent très haut pour se diriger vers mon miroir, passaient comme des flèches, décrivant des looping the loop à rendre jaloux nos as les plus célèbres de l'aviation. Le soleil était étincelant et elles passaient par grosses bandes sans interruption. Devant la difficulté, je soignais mon tir et mon cerveau se perdant dans des calculs d'intersection abracadabrants, j'essayais de tirer très haut, très au-dessus, très devant, « d'une longueur de clocher », comme disent les Anglais, et j'en manquais vingt de suite.

____

(1) *Le Tir à l'Alouette*, par André Simon, Lavaur, éditeur.

Je me mis à les tirer les yeux bien ouverts, sans calcul, au coup d'épaule, et j'en rapportai avant midi, cent vingt à la maison.

Le tir de l'alouette au cul levé est, à cause de l'invisibilité du volatile, de sa rage de vouloir toujours piquer droit vers le soleil, ou de raser les labours quand il fait sombre, le plus difficile des tirs qui soient au monde, plus délicat certainement que le tir de la bécassine qui, ses zigzags de départ une fois terminés, offre, à cause de son panache blanc (un panache pas placé au même endroit que celui d'Henri IV...), une cible plus facile au second coup, et tombe au moindre plomb. C'est à l'école des alouettes que se sont formés tous les meilleurs fusils de chasse devant soi et de pigeons. Pour le tir de battue, nous ne saurions trop répéter qu'il offre toutes les variantes possibles et imaginables.

Puisque l'occasion s'en présente, nous ferons observer qu'il est bien imprudent, de la part de l'Etat, d'autoriser le piégeage de millions de ces oiseaux. Sous prétexte d'alouettes, les panneauteurs de toutes les régions ne se privent certes pas, dans leurs équipées nocturnes, de prendre des perdreaux. Tous les bons gardes réclament à cors et à cris que la chasse de l'alouette ne soit plus autorisée qu'au fusil.

Le Ball-Trapp.

Le *Ball-Trapp* est un excellent exercice pour les débutants, très précieux en ce moment de vie chère où l'on ne peut plus se procurer qu'à des prix insensés des pigeons qu'on lançait autrefois à la main du haut d'une tour. Il faut être roublard et se débrouiller comme on peut. Le Ball-Trapp a un très bel avenir devant lui à condition que la préoccupation des sociétés où l'on pratique ce joli sport ne soit pas uniquement de tirer des oiseaux d'argile, faciles, à la portée des fusils les plus médiocres, mais surtout de perfectionner les tireurs en recherchant les difficultés. Il n'est pas sportif de ne tirer que des oiseaux montant qu'on tire arrêtés au bout de leur course ralentie ; il faut cultiver également des pigeons rasant à plein vol et n'employer également que des assiettes lourdes et par conséquent plus vites.

Nous avons entendu souvent dénigrer le tir du Ball-Trapp sous prétexte que l'assiette allant toujours en ralentissant son allure contrairement au gibier, le truc était d'attendre le point mort. La critique serait justifiée s'il n'y avait pas Ball-Trapp et Ball-Trapp. Nous ne connaissons rien de plus difficile et de plus instructif en même temps que le tir d'assiettes rasant à pleine vitesse, traversant de droite et de gauche principalement.

Mackintosh, le grand tireur australien, qui ne fut jamais dépassé sur la planche, m'a dit bien des fois qu'il s'était beaucoup plus exercé sur des Ball-Trapp rasant que sur des oiseaux vivants. Un avantage incontestable à l'actif des assiettes, c'est qu'il est plus facile d'y corriger ses défauts qu'à tout autre exercice. Si l'on manque par exemple tel coup de fusil, plutôt que tel autre, n'a-t-on pas la facilité de se faire servir dix fois de suite l'assiette manquée dans une direction désignée d'avance ?

Le tir aux pigeons, à cause du prix fantastique des oiseaux, est devenu le privilège d'un infime minorité de joueurs et de vieux tireurs, toujours sûrs de gagner à leur jour, un gros prix. Les jeunes ne peuvent plus se former dans des matchs d'oiseaux vivants, comme autrefois. Nous avons la certitude qu'ils pourront très bien, sans tirer un seul pigeon, et en pratiquant certaines assiettes d'argile, devenir bientôt très redoutables à tous les tirs. Il faut pour cela que les programmes, que les règles de la société du fusil de chasse soient complètement remaniés et adaptés aux circonstances nouvelles.

Qu'est-ce qui empêcherait, par exemple, d'avoir trois Ball-Trap rasants, espacés aux mêmes distances que les boîtes, et rendus invisibles ? De la sorte, l'assiette en pleine course, sous les angles les plus divers, serait aussi difficile à arrêter dans l'enceinte que le

plus dur Blue-Rock, que les plus endiablés Zuritos. La plus grosse
difficulté sera d'établir le handicap véritable des tireurs. Or, pour tout
sport, il faut un handicap judicieusement établi.

À l'appui de nos dires, nous reproduisons la photo de M. Roger
de Barbarin. Ce dernier fut le roi incontesté des assiettes et le champion le plus régulier du fusil de chasse. Il n'en est pas moins encore
aujourd'hui l'un de nos meilleurs fusils de battue et un excellent
pigeonnier.

Ecole de Tir d'Issy.

L'Ecole de chasse d'Issy, appartenant à M. Gastinne-Renette, est très à recommander. Elle se trouve à 15 minutes de Paris par la ligne

Ecole de chasse Gastinne-Renette, à Issy.

des Invalides et il y a des trains, non encombrés, toutes les demi-heures. Il s'y trouve un excellent professeur de tir, M. Besnard, très fin fusil et très agréable de rapports.

Tous les tirs de chasse devant soi et de battue y sont pratiqués, ainsi que le représentent ces quelques photographies.

École de chasse Gastinne-Renette, à Issy.

Aucun endroit ne semble mieux indiqué pour débuter de jeunes tireurs ou pour former au tir les Dianes chasseresses, qui semblent revenir à ce joli sport.

Le Tir de chasse au Cinéma.

M. Mousseaux, l'armurier du Mans bien connu pour sa crosse à conformateur, vient de découvrir une intéressante application de la cinématographie aux exercices de chasse.

Nous ne pouvons mieux faire que de copier en partie le compte rendu paru dans le *Tir National*, d'après une communication de l'inventeur :

« Tous les appareils cinématographiques existant pourront être « utilisés. Il suffira de remplacer l'écran par un autre en tôle d'acier « de 2 mm. 5 environ d'épaisseur sur lequel sera fixé un trembleur « commutateur qui correspondra à un relai actionnant un frein « magnétique placé sur le volant de l'appareil. Le trembleur commu- « tateur fonctionne par le choc de la balle venant frapper sur l'écran « auquel il est fixé, il commande le frein magnétique qui arrête ins- « tantanément le cinéma dès que le coup est tiré, ce qui permet de « contrôler le résultat du tir par l'impact de la balle comparé au « sujet visé qui est resté immobile. »

« Les sujets projetés sur l'écran représenteront des sujets de chasse « et de tir, perdreaux, lièvres, chevreuils, sangliers. Nous ferons éga- « lement figurer des films de tir aux pigeons, et des paris pourront « être engagés par les tireurs tout aussi bien que sur les pigeons vi- « vants. Pour compléter cette école de tir nous nous proposons de « faire une voûte métallique sur laquelle il sera projeté verticalement « des vols d'oiseaux en battue. Les tirs s'effectueront avec un fusil « de chasse muni d'un tube correcteur. Avec ce dernier, pour une « dépense minime (quelques centimes seulement) et sans la moindre « fatigue, on obtiendra le maximum de précision. Ce genre de tir « aura sa place dans les grands centres en établissant des stands où « pourront être exécutés les tirs les plus variés à la carabine ou au « fusil de chasse, dans les cercles ou châteaux où cet appareil pourra

« être installé, puisqu'il suffit d'un emplacement restreint d'une dou-
« zaine de mètres de longueur. Dans les parcs ou jardins, où nous pro-

Tube correcteur, Breveté S. G. D. G., invention MOUSSEAUX.

(Ce tube s'adapte à tous les calibres de fusils de chasse et permet de tirer
la balle très petit calibre)

« posons d'établir des grottes portant ombre, dans le fond sera placé
« l'écran sur lequel seront projetés les sujets de chasse. Le tir pourra
« de la sorte fonctionner aussi bien le matin que le soir. »

M. Mousseaux m'a invité à assister à une démonstration au cinéma
Pathé, de Vincennes. Je crois sincèrement que son invention est ap-
pelée à un avenir aussi brillant qu'utile. Soit que l'on se serve de son
fusil de chasse habituel, muni d'un tube correcteur du modèle
ci-joint, tirant la bosquette dans n'importe quel calibre, soit que l'on
emploie une petite carabine, on peut mathématiquement se rendre
compte des imperfections de son tir ou de son fusil et corriger aisé-
ment les deux. Cet exercice amusera les sportmen de tous les âges
aux longues soirées d'hiver précédant l'ouverture, ce sera un joujou
charmant tout indiqué pour les femmes, qui semblent revenir aux
sports en plein air, ce sera avant tout et c'est à ce point de vue que
je crois pouvoir le recommander à mes lecteurs, une école très utile
pour former la jeunesse à la pratique du tir à plomb et à balles.

Le Tir de la Grive.

Le tir de la grive dans le nord de l'Afrique est également amu-

Une matinée de Grives en Tunisie.

sant et un merveilleux entraînement, nous ne reviendrons pas sur ce sujet que nous avons déjà traité tout au long dans un chapitre du livre *La Chasse des grives au fusil*, par Maurice de la Fuye.

Nous voudrions, pour terminer ce chapitre, établir de quelle région de France est originaire le perdreau qui vole le mieux, autrement dit, quel est celui le plus difficile à tirer. Nous avons tous entendu des chasseurs des différents provinces vanter le coup d'aile du perdreau de chez eux et l'amour du terroir aidant, lui décerner la royauté du vol.

Perdreau de Beauce, si fier de ton renom, braves rescapés des plaines d'Artois, de Picardie, de Champagne, qui avez survécu à l'invasion boche, compagnies réputées du val de la Loire, confortables perdreaux de Seine-et-Oise et de Seine-et-Marne, crochetards du Loiret, de la Sologne ou de l'Allier qui sortez toujours à l'improviste d'une haie ou d'un boqueteau, Tartarins au plumage rouge qu'il ne faut pas blaguer, car le mistral arrière en janvier, vous passez en obus d'une vallée à l'autre ; vous tous nobles chevaliers des airs, aidez-moi à mettre vos farouches adorateurs d'accord, donnez-moi la juste note de votre valeur, la chronométrage exact de votre fantastique allure !!

Allo ! Allo ! Personne au téléphone ! Quel malheur que la parole n'ait pas été donnée aux bêtes pour venir en aide aux humains en quête de leurs secrets ! Quel renseignement utile pourrait-on souvent tirer d'un fidèle toutou ou d'un vieux coq roublard, chef de file de sa compagnie ! Essayons de sortir de ce pas difficile. N'est-ce pas derrière une remise ou des haies hautes, que se font les plus grosses hécatombes, c'est-à-dire que l'on tire le mieux ? La raison en est que le chasseur n'a pas le choix de sa distance, qu'il doit tirer à peu de chose près au même point et dans le même temps, et aussi que le perdreau freine toujours plus ou moins son vol au-dessus d'un obstacle avec l'idée de s'y poser et de s'y cacher, la fusillade seule l'en empêchant.

Par contre, c'est derrière les abris artificiels, dans les plus vastes étendues dénudées où l'on voit venir de loin, où l'on jouit tout à son aise du beau spectacle de la concentration des compagnies, où toute

Photographie prise par le Comte CLARY, d'un perdreau au moment où il vient d'être tué.

surprise est inexistante, que les tireurs sont le plus maladroits, d'abord parce que n'ayant pas de point de repère pour attaquer l'oiseau, ils tirent ou de trop loin ou de trop près, c'est-à-dire tirent à mauvais temps, ensuite et surtout parce que le perdreau venant de plus loin est au maximum de sa vitesse, très inquiet au moment d'aborder les abris, où il aperçoit toujours quelqu'un de mal caché : à défaut du chasseur, son chargeur.

M. de la Palice conclurait que l'oiseau le plus difficile à tirer est celui que l'on manque le plus !!!

Je ne blesserai donc la susceptibilité d'aucun ami en proclamant que c'est l'oiseau de grande plaine, parce qu'il est le plus entraîné, le plus dérangé, le plus habitué aux grands vols, le plus en forme, qu'il soit originaire de l'Indre, de la Champagne, du Nord ou de la Beauce qui, indépendamment de la question du vent, est le plus facile à « culotter ».

De l'Hygiène du Tireur.

Le tir réclame les mêmes règles d'hygiène que tous les sports en général, il est même plus exigeant, car c'est un exercice de précision, de doigté et de sang-froid où il est indispensable d'être en possession de tous ses moyens. En effet, pour être classé premier fusil il faut un état général de santé excellent, une grande lucidité dans la vue et le cerveau, de la souplesse dans tous les mouvements, de bonnes jambes et des bras d'athlète.

Cette belle forme ne pourra s'obtenir que par la pratique de la culture physique qui se généralise de plus en plus au grand désespoir des pharmaciens. Sa forme nouvelle est la marche sur la pointe des pieds en relevant les genoux et en maintenant la colonne vertébrale bien droite. Beaucoup ont ri de cette découverte sans vouloir ni la comprendre ni l'essayer ; qu'ils se donnent la peine de lire l'intéres-

sante communication médicale faite sur ce sujet par le docteur Gau-
tiez, le sympathique spécialiste de tous les hommes de sport, ils y
viendront tous et en tireront grand profit.

Le meilleur entraînement pour le tir de battue sera une très
grande sobriété jointe à la sérieuse observation de cette maxime :
répudier l'alcool, toujours manger au-dessous de sa faim, été comme
hiver dormir avec la fenêtre ouverte. Nous ne pouvons mieux faire
que de reproduire les conseils remplis d'humour de l'auteur anglais
A. J. Stuart-Wortley.

« Eschew the late afternoon tea, wich is too often a severe as-
tringent dose of tannic acid, rendered still more noxious by. Luxu-
rianthy buttered toast, eat and drink lightly at dinner, make but
moderate love (this book is not written for ladies ; curtail the hour
of the smoking Room ; The spirit and Soda all together ; and when
you go to bed take about a teaspoonfull of bicarbonate of soda ;
then you will sleep as well as wake, cool and fit to take your part,
at any rate up to your usual capacity, in the day's sport...

« This to those who wish to feel there is no distance they cannot
walk, no bird they might not kill, and no one they could possible
hate, in short, to fell fit and shoot really well.

« To some others, if they will forgive me, I woult say. Eat the buttered toast, swallow the tea, drink the champagne, make love to the
prettiest woman, tell all the best stories and sing the lates est songs,
smoke the largest regalia and go to bed last, in short enjoy everything, but dont for the love of heaven go out shooting. »

Nous ne traduisons pas ces premières lignes, ce serait leur ôter
toute leur libertine saveur..... Dans un autre ordre d'idées, nous
ne résisterons pas au plaisir de mettre sous les yeux des novices
ces deux r ègles de tir si magistralement exposées par le même auteur :

Nuage de perdreaux et de faisans.

1° « Speaking generally you must shoot à little over everything, exception of course a bird wich is going away having passed over your head, in this case you must shoot under it, but very little. »

Traduisons :

D'une façon générale, vous devez tirer au-dessus de tout gibier, à l'exception d'un oiseau qui s'éloigne après avoir passé au-dessus de votre tête. Dans ce cas, vous devez tirer légèrement au-dessous.

2° « I am convinced that men who are beginning to shoot can improve themselves greatly by following the principe of calculation : that is as treating the bird as an object, that as to be cut off or intercepted at a certain spot and not as an object to be aimed at. »

Traduction :

Je suis convaincu que les débutants pourraient faire de grands progrès de tir en faisant le calcul suivant : Considérer l'oiseau qui vole comme un objet qui doit être coupé et intercepté à un point déterminé à l'avance, et non pas comme un objet qui doit être visé.

Un autre et dernier facteur de tir des plus importants est le *temps*, qui consiste à ne tirer l'oiseau ni trop tôt, ni trop tard, c'est-à-dire, ni trop loin, ni trop près. C'est presque toujours trop tard que le chasseur attaque la compagnie qui vient à lui, d'où l'extrême difficulté de bien se comporter dans les plaines nues, où l'on n'a pas le moindre point de repère pour apprécier les distances.

CHAPITRE V

DU MEILLEUR FUSIL DE CHASSE

L'anglomanie qui voulait que nos vêtements fussent coupés à Londres, nos fusils fabriqués dans le Strand et à Piccadilly, est en train de mourir de sa belle mort, mise à mal par le funeste change. Pensez donc, une paire de Purdey Hammerless doubles platines doit coûter aujourd'hui, rendue à Paris, le prix d'une auto d'avant-guerre. A cette époque le sportman qui eût tiré de son étui rebondi une paire de fusils aux marques de Paris ou de Liége eût été considéré avec le plus profond mépris par ses camarades.

Tâchons simplement de remettre les choses au point. Si nous interrogeons avec impartialité les Echos d'Outre-Manche les mieux informés, si nous interwievons les habitués des Moors d'Ecosse, nous apprenons un fait dont nous pouvons certifier l'exactitude. Au cours des grandes chasses anglaises les fameux Purdey se détraquent tout comme leurs camarades, ni plus ni moins que les Holland ou les Boss, dont la faveur s'accentue de jour en jour de l'autre côté du détroit, quoique leurs prix de revient ne soient pas inférieurs. Le mécanisme admirable, mais délicat des Purdey, nécessite des ouvriers de tout premier ordre, et au moindre accroc inhérent à une arme quelle qu'elle soit, principalement Hammerless, il faut leur faire repasser la Manche.

Nous aurions mauvaise grâce à vouloir faire tomber de son piédestal hérissé de livres sterling le glorieux Purdey, nous émettons seulement le vœu que nous arrivions à fabriquer bientôt en France des fusils aussi parfaits, mais beaucoup moins coûteux que ceux de nos voisins.

Le Comte CLARY « Notre incontesté premier fusil ».

Nos cavaliers français, tant civils que militaires (et j'ai contribué à cette tâche, tant que j'ai pu, de la plume et de l'exemple), ne sont-ils pas parvenus dans tous les concours hippiques internationaux, à égaler, sinon à surpasser, les prouesses des meilleurs cravaches

anglaises et à battre avec leurs chevaux les cracks irlandais, tout
aussi réputés sur le ring que les Purdey le sont sur le field ? Pourquoi nos armes françaises n'en feraient-elles pas autant ? Que se
passe-t-il déjà chez nous, dans nos battues de perdreaux. Nos deux
tireurs les plus renommés, le Comte Clary et le Comte de Quélen, qui
ont toujours fait grand honneur au tir français, tant en Angleterre
qu'en Autriche ou en Pologne, ne se sont jamais servi d'un Purdey,
ni d'aucune autre marque anglaise, pas plus au tir aux pigeons que
sur le terrain de chasse, ils ont toujours usé d'excellents fusils de
Liége ou de Paris.

Dans un fusil, il y a deux parties essentielles : 1º la bascule ou le
mécanisme ; 2º le canon.

La bascule.

Il se fabrique aujourd'hui à Liége et en France des bascules de
tout premier ordre, mises au point et ajustées à Paris par d'excellents ouvriers.

Les fabricants liégeois vont jusqu'à prétendre qu'ils reçoivent de
grosses commandes des maisons de Londres pour leurs premières
marques. Je ne fais qu'enregistrer ce bruit ; si c'est un canard, je suis
tout prêt à lui couper les ailes.

Pour les bascules, il y a eu et il y a encore dans la capitale des bas-
culeurs faisant très bien ce que l'on appelait le fusil de Paris.
Mais avec la cherté de la main-d'œuvre, il faudra forcément arriver
à fabriquer en série le fusil mécanisé de toutes pièces et qui ne sera
pas plus mauvais pour cela. De plusieurs côtés, à l'heure actuelle,
on y travaille assidûment.

Le canon.

En raison de la brutalité des poudres, il y a une tendance marquée chez les chasseurs à chercher de l'inédit, soit le fusil type Browning, encore bien lourd, très peu en main et trop grand massacreur de gibier pour être toléré dans les grandes chasses, soit le fusil à canon superposé qui est à l'étude. Il est néanmoins intéressant de noter que le grand prix de Monte-Carlo, cette année, a été gagné avec un Browning entre les mains d'un excellent tireur français, M. Laffitte. Il est indiscutable qu'avec un canon situé dans un plan unique superposé ou autre, le tir est plus facile, plus régulier, plus haut, surtout le tir sur oiseaux traversards ou montant. Le gros inconvénient du Browning est que les six cartouches qui emplissent le chargeur augmentent de plus de 250 grammes le poids déjà trop lourd du fusil.

Pour le canon, tout est dans l'élasticité, dans la qualité et dans la résistance de l'acier. Sur ce point, les Anglais n'ont pas plus que le continent le monopole ni la maîtrise des aciers. Si les Withworth sont d'excellente et vibrante qualité, les Holzer français, les Cockerill, Compound belges, les Krupp boches ne sont nullement inférieurs et on peut soutenir que pour trouver d'excellents tubes on n'a que l'embarras du choix.

Les nouveaux aciers belges comprimés Cap ont l'avantage d'être anti-corrosifs et leurs vibrations sont très atténuées.

Il est assez naïf de croire que le Withworth tue plus loin que le Holzer, que le Compound ou le Krupp. Le canon qui tuera le mieux, le plus régulièrement et le plus loin, sera le canon le mieux foré. Cette assertion est si vraie que dans tous les grands concours de fusils de

---

NOTA. — Le rêve serait de trouver un fusil léger, type Browning ou Winchester à trois coups. Les tireurs n'auraient plus besoin de chargeurs en battues.

chasse qui ont eu lieu avant la guerre, pour le meilleur groupement, la meilleure pénétration, la plus grande portée, concours auxquels ont pris part les meilleures armes anglaises des tireurs de pigeons, ce sont presque toujours des fusils français, des canons forgés et forés en France, voire même à Saint-Etienne, qui ont remporté les palmes (fusils Bucheron de Moulins, fusils Vidier, de Paris, etc.).

La question du choix du canon est donc secondaire, pourvu qu'il soit assez souple et assez résistant pour ne pas céder aux effrayantes pressions de nos poudres sans fumée. Le forage, la main fine de l'ajusteur et du basculeur, l'alésage du canon et des chambres forment partie intégrante de la bonne réussite d'une arme.

Canons chokes.

Nous en venons tout naturellement à parler des canons chokes. Après avoir pris l'avis des principaux maîtres ès-fusils, nous ne pensons pas que les chokes aient rendu tout ce que l'on en attendait. Si au tir aux pigeons, dans un calibre 12 très lourd, avec une cartouche de 70 millimètres, chargée de 36 grammes de plomb, le choke permet sans contestation possible de mieux centrer le coup à 45 mètres et de foudroyer parfois des Blue-Rock terriblement vite à la barrière, si en chasse parfois l'on peut, grâce à lui, avec la même cartouche, épater les camarades par un coup de longueur ou tuer devant soi des perdreaux devenus de plus en plus fuyards dans nos plaines sans couverts, combien fera-t-il commettre de gaffes en battue, où l'on tire généralement le perdreau de 15 à 20 mètres de distance.

L'avantage le plus appréciable, nous dirons le seul avantage appréciable du canon étranglé, est de mieux grouper à grandes distances les gros plombs, sans donner pour cela au plomb plus de pénétration que les fusils lisses. Il rendra donc de grands services pour les ronds de lièvre ou les faisans d'arrière-saison.

Dans son livre si scientifique et si documenté sur le tir de chasse, le général Journée nous apprend, équations et preuves mathématiques à l'appui, que la « pénétration des plombs est plus variable avec le canon choke qu'avec le canon cylindrique... » que « la vitesse moyenne de la charge du plomb est moindre après le passage dans le choke que si le canon était absolument cylindrique, à cause de la résistance offerte aux plombs par l'étranglement du choke ». En plus, dans les chokes, toujours d'après les mêmes intéressantes données, les plombs bavards, c'est-à-dire s'écartant de la partie centrale du coup, ont beaucoup moins de pénétration qu'avec un fusil lisse.

Ces intéressantes études nous autorisent à conseiller sans hésitation aux débutants et aux capacités moyennes, de se servir d'un canon cylindrique, tout au moins pour le coup droit. Plus tard, si le cœur leur en dit, s'ils deviennent d'une classe à pouvoir attaquer de très loin une compagnie de perdreaux, ils pourront se servir utilement d'un canon modified à droite, c'est-à-dire quart de choke, et d'un fusil full-choke à gauche.

Le mieux, s'ils veulent, dès leurs débuts, avoir à leur disposition une paire de fusils, aussi bons pour le tir aux pigeons que pour toutes les exigences possibles de la chasse, serait de commander à leur armurier :

Fusil n° 1, canon lisse ou modified, c'est-à-dire aussi légèrement choke que possible à droite, canon demi-choke à gauche ;

Fusil n° 2 : canon demi-choke à droite, canon full-choke à gauche.

Admirablement outillés de la sorte pour le tir devant soi ou le tir

---

NOTA. — Après de multiples essais, nous nous sommes rendu compte que le canon modified ou un quart de choke était le plus à recommander pour le premier coup. Il donne un groupement suffisant et à cause de l'étranglement très peu accentué de l'extrémité du tube, les plombs ont bien moins de ralentissement que dans les full-chokes.

de battues, ils pourront faire d'utiles comparaisons. Nous sommes bien certains qu'en cas de détraquage momentané, ou d'aptitudes moyennes de tir, ils reviendront vite au fusil lisse, ou modified, lequel chargé de bonnes cartouches sera toujours le plus meurtrier aux battues de perdreaux, quelle que soit la qualité des oiseaux. La meilleure preuve de la façon dont le tireur se sent, aux petites distances, terriblement handicapé par son full-choke, n'est-ce pas que les pigeonniers, jusqu'à 27 mètres, ne savent par quel moyen empêcher leur premier coup de trop serrer, et persécutent dans ce sens les meilleurs fabricants de cartouches. Ces derniers, à cause de la routine, n'osent pas conseiller à leurs clients d'avoir un canon lisse pour les petites distances, ce qui serait le seul remède efficace. Le Baron de Vinck — l'un des premiers tireurs belges — nous a affirmé avoir gagné un prix aux pigeons à 30 mètres, avec un fusil lisse, sur d'excellents oiseaux.

Quel est le meilleur Calibre de Fusil.

D'une façon générale, un fusil doit être proportionné à la force des bras du tireur. Ceci est d'autant plus vrai que nous avons souvent entendu des camarades extrêmement robustes, nous dire l'impression de béatitude qu'ils avaient éprouvée à tirer avec un fusil léger, plus maniable et venant plus vite à l'épaule que leur fusil lourd habituel.

Le Comte de Quélen, dont je ne me lasserai jamais de citer l'exemple (personne ne pouvant mieux faire que de chercher à l'imiter tant il a passé sa vie à approfondir la question des armes), tire la plupart du temps à la chasse avec des 12 qui pèsent sensiblement moins de 3 kilogrammes, mais il a su si bien alléger la crosse, supprimer tout poids inutile dans le mécanisme et dans le devant que ses canons pèsent le poids des plus lourds canons de tir aux pigeons, le fusil au complet ne pesant pas plus de 2 kgr. 900. Quoi qu'il en soit le poids excessif dans le canon par rapport au poids trop réduit de la crosse et des accessoires n'est pratique qu'à la chasse, et ne permettrait pas de tirer, sans recul ni déplacement de l'équilibre, de grosses charges de pigeons ni la cartouche de 0,70 c.

Je laisse ici la parole à M. J. de Monbrison, un spécialiste distingué dans les questions de balistique expérimentale.

« Considérez comme maxima les charges indiquées sur les boîtes de poudre et suivant le poids de vos armes réduisez la quantité de plomb de vos cartouches. La règle suivante vous guidera :

Prenez le poids de votre fusil et divisez-le par 100, la charge sera de 30 gr. de plomb si l'arme pèse 3 kilos — 28 grammes si elle pèse 2 kil. 800, etc. »

Dans le même ordre d'idées la célèbre maison Curtis et Harvey donnait les conseils suivants : « Une once 1/2 (soit 31 gr. 3) de plomb représente dans un 12 le maximum de la charge de chasse ; avec la même charge de poudre et une once 1/16 (30 gr. 10) de plomb, on obtient une excellente cartouche, la pression est moindre et la portée beaucoup plus grande ».

Toute la question est dans le recul. On ne peut d'aucune façon bien tirer avec un fusil qui repousse et un fusil repoussera toujours s'il est mal équilibré, chargé de mauvaises cartouches, c'est-à-dire de cartouches renfermant une charge de poudre, de plomb surtout, disproportionnée avec son poids.

Il va sans dire que le poids principal doit se trouver surtout dans les tubes d'acier du canon, comme l'a si bien compris le Comte de Quélen dont une bonne partie de la crosse est en liège. Quoi qu'il en soit, le tir aux pigeons a mis le 12 à la mode. Il faut en effet, pour mettre les plus grandes chances dans son jeu sur la planche, un fusil très lourd de canon pour pouvoir en même temps tirer sans recul la charge formidable d'une poudre très brisante, et écraser près des boîtes le pigeon de pur sang qui a une résistance étonnante à la mort instantanée.

Le calibre le plus en vogue après le 12 est le 20. Le calibre 16, le vieux fusil français de nos pères, le calibre préféré des vieux et excellents Lefaucheux, paraissait dans ces derniers temps bien abandonné. Nous sommes heureux de le voir réapparaître, petit à petit. Ne soyons pas inquiets, son usage se généralisera de plus en plus, surtout si la jeune génération continue à se donner des bras de fer avec le tango et autres pîtreries frôleuses des dancings !

Du poids normal d'un Fusil.

La charge moyenne des cartouches de chasse calibre 12 est de 30 à 32 grammes de plomb, celle du 16 de 26 et 28, celle du 20 de 22 à 24. Pour tirer agréablement et sans trop de recul avec ces charges de plomb notre poudre T, qui est atrocement brutale, il faut qu'un 12 de chasse pèse 3 kgr. 050 à 3 kgr. 100, le 16 devra peser 2 kgr. 800. Nous ne parlons pas du 20, nous sommes hostiles à ce calibre pour les raisons que nous allons examiner plus loin. Le fusil de tir aux pigeons devra peser 3 kgr. 250 à 3 kgr. 400, suivant les longueurs adoptées pour les canons et pour la crosse.

La longueur des canons

C'est uniquement une question d'appréciation et de convenance personnelles et elle dépend beaucoup de la méthode de tir de chacun. Ce que nous pouvons affirmer après des années d'études et de multiples essais en plaque, c'est qu'à poids égal un canon de 0,70 à 0,72 centimètres groupe tout aussi bien et tue tout aussi loin qu'un canon de 0,76 et plus.

NOTA. — La brutalité de nos poudres est la seule raison qui rend obligatoires ces poids excessifs du fusil tant pour la chasse que pour le pigeon Evidemment avec une poudre douce à tirer en même temps que régulière et pénétrante, il y aurait dans les deux cas un immense avantage pour tous les tireurs de se servir d'armes légères.

Dans tous les cas, il sera sûrement plus facile de tirer vite avec un canon court. Le canon long, moins maniable, aura toujours l'avantage de relever le tir pour les coups du roi et de longueur et, indiscutablement, repoussera moins.

De la portée des fusils

La portée est à peu de chose près égale dans tous les calibres, quand le forage de l'acier des tubes est de qualité égale. Si l'œil du tireur d'une part mettait le gibier en plein centre du coup, une cartouche calibre 20 tuerait tout aussi loin qu'une cartouche de 12. Etant donné d'autre part que le nombre des grains de plomb se réduit proportionnellement à la grosseur des calibres, la chance du coup de longueur se trouve forcément très réduite avec un 20, dont la vogue était due uniquement à sa légèreté.

Le tableau ci-inclus des grains de plomb, dressé officiellement par la Chambre syndicale des armuriers, nous a donné l'idée de comparer dans chaque calibre le nombre des grains d'après leurs numéros les plus employés, nous croyons y avoir puisé beaucoup d'indications utiles, auxquelles on ne pense pas assez souvent.

Nous adopterons les charges indiquées sur les boîtes de poudre, soit 32 grammes pour le calibre 12, 28 grammes pour le 16, 24 grammes pour le 20; tout en faisant observer que ces charges, en principe trop fortes, nécessitent des fusils très lourds.

Le plomb type des deux tableaux est pour l'un le plomb français d'un numéro supérieur au Chilled-Shot anglais de Newcastle et pour l'autre le plomb de Newcastle plus petit.

La conclusion toute naturelle de ce travail est que l'écart du nombre des grains de plomb, trop considérable entre le calibre 12 et le calibre 20, donne des chances de plus en plus grandes de manquer le but, à mesure que le numéro du plomb grossit. Aussi, en cas d'hésitation entre deux calibres, il faudrait prendre pour la chasse le 16 de

Plombs de Chasse Français.

Numéros	NOMBRE DES GRAINS POUR				
	10 grammes	20 grammes	25 grammes	30 grammes	35 grammes
5 /0	10	20	25	30	35
4 /0	14	28	35	42	49
3 /(	17	34	42	51	59
2 /0	19	38	47	57	66
0	22	44	55	66	77
1	26	52	65	78	91
2	30	60	75	90	105
3	35	70	87	105	122
4	40	80	120	160	200
5	60	120	150	180	210
6	78	156	195	234	273
7	120	240	300	360	420
8	149	298	373	447	522
9	212	424	530	636	742
10	316	632	790	948	1106

PLOMB	CALIBRE DU FUSIL	GRAMMES	GRAINS DE PLOMB
Nº 5	20	24	144 grains.
	16	28	168 —
	12	32	192 —

Écart entre le 20 et le 12 = 48 grains.
Écart entre le 16 et le 12 = 26   —

PLOMB	CALIBRE DU FUSIL	GRAMMES	GRAINS DE PLOMB
Nº 7	20	24	288 grains.
	16	28	336 —
	12	32	384 —

Écart entre le 20 et le 12 = 96 grains.
Écart entre le 16 et le 12 = 52   —

PLOMB	CALIBRE DU FUSIL	GRAMMES	GRAINS DE PLOMB
Nº 8	20	24	358 grains.
	16	28	417 —
	12	32	477 —

Écart entre le 20 et le 12 = 119 grains.
Écart entre le 16 et le 12 = 60   —

préférence au 20, de préférence même au 12, comme s'adaptant le mieux par sa légèreté, par sa maniabilité aux exigences des tirs les plus variés ; mais il serait prudent alors d'exagérer un peu le poids du 16 qui restera toujours de 200 grammes au moins plus léger que le poids d'un 12 normal.

Prenons comme exemple un 16 très lourd pesant, par exemple, 2 kgr. 850 ou 2 kgr. 900, avec une charge de 28 grammes de plomb Français nº 8 et 1 gr. 75 à 1 gr. 80 de poudre T, il donnera le groupement superbe de 400 grains de plomb nº 8 Français. Avec le même plomb, un calibre 12 chargé à 32 grammes de plomb n'aura en plus qu'une soixantaine de grains de plomb. Si l'on veut tout à fait équilibrer les chances on n'aura qu'à tirer dans le 16 lourd un plomb inférieur, par exemple du 8 au lieu du 7 qu'on emploierait dans le 12 de poids normal. D'après ces calculs, il est aisé de se rendre compte que l'écart des grains de plomb est peu appréciable entre le 16 et le 12, surtout si le calibre 16 est un peu lourd de canon, tandis que le même écart est énorme entre le 12 et le 20 ; nous ne comprenons donc pas qu'on hésite entre les deux calibres inférieurs.

'Le raisonnement est encore plus vrai si l'on s'en rapporte au tableau du plomb de Newcastle, les grains de plomb étant plus nombreux. A l'appui de cette thèse, je demanderai à deux grands fusils qui se servent de calibre 16 avec autant de maestria sur les perdreaux de haut vol que sur les faisans Rocketer, la permission de citer leurs noms : le Comte Charles de l'Aigle et M. André Pinard, propriétaire de la chasse si réputée de Moléans.

D'une façon générale, si l'on hésite sur la grosseur du plomb à employer, il sera toujours préférable de se décider pour le numéro le plus petit, principalement dans un calibre inférieur. Sans doute le gros plomb ayant plus de poids et de vitesse cassera mieux à grande distance une aile de perdrix, mais il groupe si mal sur des buts minuscules ! Vous tuerez toujours plus facilement une alouette au cul levé ou une bécassine dans ses lointains zigzags avec du 8 anglais qu'avec

Plombs de Chasse Anglais (Newcastle).

Numéros	NOMBRE DE GRAINS POUR				
	10 grammes	20 grammes	25 grammes	30 grammes	35 grammes
4/0	18	36	45	54	63
3/0	21	42	53	63	74
2/0	26	52	65	78	91
0	30	60	75	90	105
1	36	72	90	108	126
2	41	82	103	123	144
3	52	104	130	156	182
4	60	120	150	180	210
5	76	152	190	228	266
6	92	184	230	276	322
6 ½	104	208	260	312	364
7	149	258	323	387	452
8	166	332	415	498	581
9	222	444	555	666	777
10	346	692	865	1038	1211

PLOMB	CALIBRE DU FUSIL	GRAMMES	GRAINS DE PLOMB
N° 5	20	24	182 grains.
	16	28	212 —
	12	32	242 —

Ecart entre le 20 et le 12 = 60 grains.
Ecart entre le 16 et le 12 = 30 —

PLOMB	CALIBRE DU FUSIL	GRAMMES	GRAINS DE PLOMB
N° 7	20	24	352 grains.
	16	28	361 —
	12	32	413 —

Ecart entre le 20 et le 12 = 63 grains.
Ecart entre le 16 et le 12 = 52 —

PLOMB	CALIBRE DU FUSIL	GRAMMES	GRAINS DE PLOMB
N° 8	20	24	398 grains.
	16	28	464 —
	12	32	531 —

Ecart entre le 20 et le 12 = 133 grains.
Ecart entre le 16 et le 12 = 67 —

du 7 ou du 6 français, ceci est si vrai qu'un de mes vieux camarades
de chasse d'Algérie, M. de Lunden, un qui la connaît dans les coins
et recoins pour les fusils et les cartouches, tire toujours aux pigeons
du 7 anglais dans son coup gauche (second coup) pour avoir plus de
groupement aux grandes distances, tandis qu'il use du 6 dans son
premier coup droit. Ceci ne l'a pas empêché de gagner, cet été 1920,
le grand prix de Boulogne dans un fauteuil.

Le célèbre fabricant de douilles et cartouches, M. Bachman, de
Bruxelles, qui fut en Europe le roi incontesté de la cartouche et dont
le fils, après avoir eu tout son matériel d'essai volé ou abîmé par les
Boches, continue les belles traditions, nous disait souvent qu'il
n'avait jamais pu faire donner bien et régulièrement aux plaques
d'essai une cartouche avec un plomb supérieur au 5 anglais, gros six
français. Il préconisait pour toutes les chasses et pour tous les tirs
de loin et sur tous gibiers, la grosse cartouche de pigeon avec six
étoilé anglais et nous avons maintes fois vu cette cartouche tuer net
et loin un lièvre ou un canard. Mais tout le monde, hélas ! n'a pas
la tête assez solide pour tirer à la chasse des centaines de cartouches
de pigeons. Une dernière fois nous prions nos lecteurs de s'en rap-
porter à notre travail sur le nombre des grains de plomb. Il est bien
évident en effet qu'une douille de 70 chargée avec 36 grammes de
plomb n° 4 tuera plus loin du gros gibier qu'une douille de 65 avec
30 grammes de plomb. Tout dépend donc du nombre des grains.
Il est non moins certain que l'on aura plus de chance, à charges
égales, d'atteindre très loin dans le cou, sa partie la plus vulné-
rable, un canard, avec du 6 qu'avec du 3.

Certains tireurs ont horreur d'avoir dans leurs boîtes à cartouches
plusieurs numéros de plomb, à ceux-là nous conseillerons sans
hésitation de tirer en tout temps le petit six — six anglais à l'étoile de
Newcastle — le plomb préféré de la maison Bachman — correspon-
dant le mieux à toutes les exigences de toutes les chasses et de
de toutes les saisons.

Pour clore ce trop long débat sur les armes ou les munitions et cette ennuyeuse arithmétique à la plombagine, qui n'a d'intérêt que pour les jeunes chasseurs avides de progrès, interrogeons le garde d'autrefois, le vieux loup des bois, au poil grisonnant et dur, à la casquette cirée, bordée de cuivre, à l'imposante gibecière où fraternisaient avec les collets pris au braconneau, l'inséparable

bouffarde et le litre de rouge, consolateur des peines du ménage.

— Dites-donc, père La Bourrée, quel est le meilleur fusil de chasse ?

— L'meilleur flingot, N. de D..., c'est ch'ti-là qu'a l'meilleur manche !!

7.

Les Cartouches.

Le meilleur fusil du monde, avec des canons du plus merveilleux acier, ne peut, s'il est chargé de cartouches médiocres, donner de bons résultats ni à la plaque d'essai, ni sur le gibier. La bonne cartouche est celle qui groupe bien et régulièrement, tue net et loin ; mais nous lui saurions gré en plus de ces qualités de ne pas transformer une belle après-midi de chasse en une migrainante corvée, ni de forcer ses victimes à assaisonner leur bon dîner du soir d'une sauce relevée. à l'antipyrine.

En dépit des avocats plus ou moins intéressés qui les défendent, nos poudres françaises de même que nos cartouches sont loin d'atteindre un semblant de perfection. La T à lamelles, sans conteste la meilleure, à cause de sa vitesse initiale considérable et de sa résistance aux fantaisies atmosphériques, est devenue depuis la guerre très irrégulière et sa brutalité est telle que pour pouvoir s'en servir impunément aux fortes charges, il faut un fusil très lourd, et une caboche d'artilleur également lourd. Aux petites charges de chasse, dans un canon bien étoffé, elle est supportable. Aux grosses charges de pigeons, de l'avis de tous les tireurs français ou étrangers qui apprécient grandement sa vitesse, elle est si dure aux doigts, si déplaçante à l'épaule, qu'elle rend bien difficile la précision d'un second coup qui doit être terriblement rapide pour être efficace.

Sa camarade de battue, l'M — à petits grains jaunes — groupe (beaucoup mieux que la T) aux plus grandes distances, est douce à tirer, mais elle répand des gaz asphyxiants très désagréables pour le tireur (si encore ces émanations paralysaient le vol de l'oiseau !). En outre, une partie de ses grains ne flambent pas, empêchent la fermeture des verrous dans toute arme bien ajustée, enfin son hygrométrie est telle qu'on ne peut s'en servir de façon appréciable qu'aux deux premiers mois d'ouverture.

Les disciples de Saint-Hubert avec le matériel actuel n'ont donc que l'embarras du choix : la surdité précoce, l'asphyxie ou l'ébranlement cérébral suivi de gâtisme à bref délai.

A la valeur médiocre des poudres, n'oublions pas d'ajouter la qualité mauvaise des douilles. Le carton est bon : à l'œil (si l'on peut s'exprimer ainsi pour une cartouche qui coûte 1 franc pièce), la douille paraît bien, entre facilement et se ferme correctement dans la bascule, mais dans la pratique, quelle désillusion ! La charge en fulminate ou l'amorçage est très irrégulier, tantôt trop faible — un long feu ! — tantôt exagéré — un coup fou qui garnit un arc de terre et abrutit les lobes du cerveau ! — très souvent des ratés...

Après des centaines et des centaines d'essais avec toutes les douilles et tous les amorçages, auxquels nous avons participé en compagnie des meilleurs armuriers, nous affirmons que les malheureux chasseurs sont pitoyablement outillés, pour l'instant, en explosifs et en munitions.

Sans doute, de-ci, de-là, par suite d'une sélection habile, il est fourni, à titre de réclame, à de rares tireurs d'élite, principalement aux tireurs aux pigeons, des échantillons irréprochables. Mais pauvres de nous, qui sommes Monsieur Tout le Monde, qu'est-ce que nous prenons pour notre rhume ?

Les étrangers ont d'excellentes poudres à leur disposition ! Nous n'osons pas affirmer que leurs douilles Eleys Nobel et Cie

---

NOTA. — Pour la question si intéressante du chargement des cartouches et de l'amorçage au fulminate, lire l'intéressante brochure *The Sporting Cartridge,* par E. Joyce et C°.

sont aussi soigneusement travaillées qu'autrefois ; en tout cas elles sont un facteur inexistant aujourd'hui, puisqu'avec le change, le prix en est inabordable.

Les Anglais ont la fameuse E. C., qui elle aussi a subi, paraît-il, la crise de la mauvaise fabrication. Les boches ont avec la Rotweil une poudre de chasse excellente. Les Italiens possèdent en ce moment l'Acapnia, une poudre rosée, merveilleuse, à notre avis et que nous croyons, après de sérieux essais, supérieure à l'E. C.

Espérons qu'enfin l'Etat va faire honneur à son éternel monopole des poudres empêcheur de progrès, prendre en considération nos doléances et en pitié nos méninges. Nous réclamons pour la prochaine ouverture deux types de poudre. Un type T vite, régulier et cassant pour ceux qui s'imaginent, à tort ou à raison qu'une cartouche qui ne cogne pas dur à l'épaule est inefficace sur le gibier. Un autre type genre E.C. ou Acapnia, inodorant, s'enflammant bien, pas trop sujet aux intempéries, d'un usage agréable, qui sera certainement adopté par la grande majorité des grands chasseurs, en tout cas par toutes les têtes grisonnantes ou déplumées, sujettes aux névralgies. Que la Société française des munitions soigne de plus en plus son amorçage et nous donne pour ces deux types de poudre tant réclamés deux douilles convenables et régulièrement amorcées ; qu'elle se préoccupe surtout de satisfaire les desiderata de ses nombreux clients.

Il ne manque pas à Paris d'excellents armuriers spécialisés dans le chargement des douilles et prêts à satisfaire les moindres caprices de leurs clients : MM. Gastinne-Renette, Guyot, Modé, Chaput, Dumont, Vidier, pour n'en nommer que quelques-uns. La province est brillamment représentée par M. Bucheron, de Moulins, et Lien de Roubaix. Aucun de ceux-ci n'a pu encore réaliser le miracle de faire donner régulièrement une poudre médiocre dans une mauvaise douille irrégulièrement amorcée.

La maison Lien, qui depuis plus de trente ans s'est appliquée à la double fabrication de la cartouche à pigeons et de chasse et fait en même temps des fusils irréprochables, mérite la vogue dont elle jouit en ce moment. Ses cartouches viennent en effet d'établir un record formidable au tir aux pigeons de Monte-Carlo. La plupart des prix tirés dans la Principauté, depuis l'ouverture jusqu'à la fermeture du tir, soit du 15 décembre 1920 à avril 1921, ont été gagnés ou partagés par les cartouches de Roubaix.

D'après des chiffres scrupuleusement exacts, sur 261 places que comportaient ces prix, les Lien se sont adjugé 198 places.

Dans le grand prix, notamment, montant à plus de 100,000 francs, auquel 109 fusils prirent part, M. Lafitte, tireur français, s'est classé premier, tirant ses propres munitions. Sur les 9 autres places, tant dans le camp français qu'étranger, 6 tireurs employèrent les cartouches Lien, et parmi ceux-ci, M. Colombel partagea avec M. H. Graselli, les 2e et 3e places.

CHAPITRE VI

UN TERRAIN IDÉAL DE BATTUE

J'aurais voulu dans ce dernier chapitre m'étendre sur toutes les belles chasses de France, rappeler leurs éblouissants tableaux et leurs inoubliables souvenirs ; pour bien des raisons, que mes lecteurs comprendront sans peine, je crois ce travail prématuré. Je consacrerai seulement quelques pages à ce que j'appellerai « un terrain de battue idéal ». Ce serait l'endroit où en dépit du vent, de la saison et des couverts, le perdreau pris dans des couloirs naturels et feuillus, en quelque sorte égaré dans un labyrinthe d'abris naturels, serait toujours obligé de passer régulièrement à tous les tireurs, où les battues pourraient être inverses, varier à l'infini et, sans risque d'écœurer l'oiseau ni de vider la plaine, être recommencées plusieurs fois.

En réalité, dans les territoires les plus dénudés, les compagnies passent toujours aux mêmes endroits, un aimant semble les attirer toujours aux mêmes remises, toujours aux mêmes lignes d'arbres, aux mêmes routes, aux mêmes bas-fonds. Dans les plaines beauceronnes, par exemple, si complète que soit l'absence des couverts, le propriétaire qui veut, entre ses grandes chasses, s'amuser avec un ami, est parfaitement sûr de lui faire tuer beaucoup en le plaçant aux coins des plus petites remises. L'on voit de suite l'immense parti à tirer de cette attraction qui amène toujours les volées vers les remises, boquetaux ou sapinières.

Nos pères le savaient si bien qu'ils avaient la plus grande vénération pour leurs garennes à lapins et remises à gibier. Le perfectionnement de la culture, le fameux progrès qui a failli démolir l'Europe en attendant qu'il amène la fin du monde, a fait le plus grand tort à nos chasses de France, où la plus-value des terres et la rapacité au gain des richissimes fermiers ont rasé les neuf dixièmes des remises dans nos meilleurs départements. C'est une des plus sérieuses causes auxquelles on soit en droit d'attribuer la diminution du gibier poil et plume. En même temps qu'elles étaient une attraction irrésistible aux jours de poursuite, les remises étaient en plus un abri contre le froid, la neige, le vent, un refuge précieux où les perdreaux venaient se cacher et se blottir pour échapper aux oiseaux de proie. Elles offraient en même temps aux gardes de belles embuscades de nuit contre les braconniers dont elles gênaient la traînée des filets.

Dans les chasses en société ou dans les vastes territoires en location, le meilleur de tous les moyens pour augmenter le perdreau et grossir les tableaux de l'année, ne serait-il pas l'achat d'une ferme au point le plus central, et dans cette ferme, aux endroits incultes ou rocailleux, comme il s'en rencontre si fréquemment en Beauce, de planter des sapinières, des remises à forme très étudiées, où de tout temps viendraient se faire fusiller les oiseaux ?

En dehors de l'hypothèse achat, les locataires de chasse ne pourraient-ils pas se réserver dans leurs baux le droit de disposer des endroits incultes pour y faire des plantations ? De toute façon, l'achat de ces bonnes terres à blé, grenier de la France et grenier plus que jamais depuis la dévastation de nos départements du Nord et de l'Est, serait un placement plus sérieux que toutes les actions pétrolifères, aurifères et diamantifères où malgré des tuyaux infaillibles de Bourse, s'engloutirent ces derniers temps tant de belles fortunes.

Sur 4.000 hectares bien aménagés, au centre d'un beau territoire, il sera tué infiniment plus de gibier que sur une étendue double de plaines nues, sans haies, sans couverts, sans remises, sans couloirs.

GARENNE
D'APRÈS UN ANCIEN PLAN DU
DOMAINE D'HAVRINCOURT
1760

Le prix de revient de la chasse serait de la sorte avantageusement réduit en proportion de sa surface.

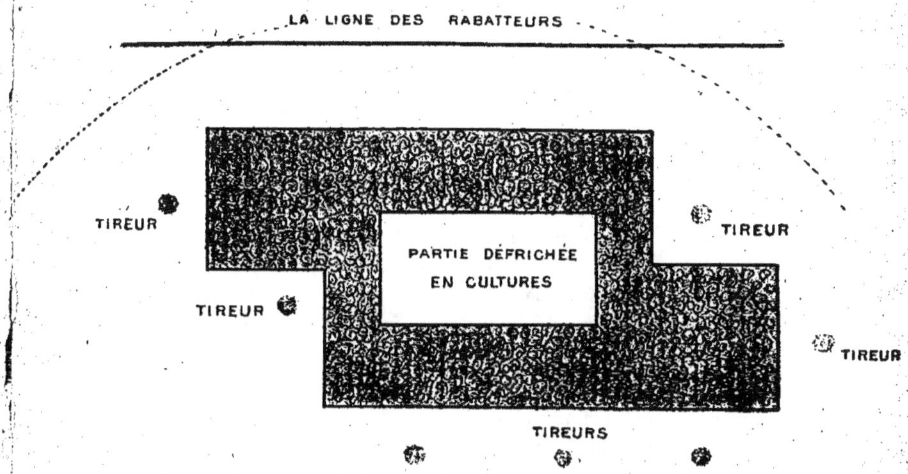

Ce dessin en projection semblerait assez exactement donner l'idée d'une remise idéale. Le propriétaire d'une chasse pourrait très bien, puisque c'est toujours au coin des boqueteaux que l'on tue le plus de gibier, donner pareille forme à deux ou trois de ses petites tailles. Le locataire ferait de même pour ses plantations ou semis de sapins, acacias, bouleaux. Au centre quelques ares resteraient défrichés et disposés en culture à gibier, topinambours, maïs, sarrasin, suivant la qualité du sol. Dans les terres profondes et riches des remises d'oseraies, qui ont l'avantage d'être d'un merveilleux rapport, seraient disposées de même façon. Dans les pays du Centre, Sologne, Loiret, Allier, où les taillis abondent, la même remise paraîtrait tout aussi indiquée pour les faisans qu'elle permettrait de mieux agréner et retenir, de diriger enfin les jours de chasse d'un boqueteau à l'autre, vers les grands bois. Les oiseaux attirés

d'une part par les couverts, d'autre part par le gagnage intérieur
dont ils ont pris l'habitude dès leur naissance, s'y rendront sûrement les jours de chasse des plus grandes distances, souvent
même à mauvais vent. Complètement encerclés par les tireurs et
rabatteurs, ils laisseront beaucoup des leurs dans ce guet-apens.

Bien entendu, une extrême prudence serait observée par les
fusils en retour, qui ne devraient attaquer que les oiseaux très
haut devant et ne tirer que derrière et en plaine quand la ligne des
rabatteurs se rapprocherait. Il serait utile d'envoyer deux ou trois
tireurs ou fermiers marcher avec les rabatteurs pour s'occuper des
perdreaux forçant en arrière de la ligne.

La chasse de Presle, en Seine-et-Marne, qui appartenait au Marquis de Jaucourt, offrait le type idéal du territoire le plus favorable
aux battues de perdreaux. Il avait été mis au point par le Marquis
Du Lau qui, favorisé par la disposition du terrain déjà riche en
lignes naturelles, les avait complétées par des plantations qui
avaient divisé la plaine en cinq battues de contenance à peu près
égale, permettant par leur orientation et leur disposition de se servir
toujours du vent pour faire passer les perdreaux sur la ligne de
tir, en chargeant la battue suivante et en rechargeant constamment
la battue centrale.

Les haies perpendiculaires à l'axe de la chasse formaient de
longues avenues rappelant très exactement les haies doubles d'acacias qui entourent les immenses carrés de culture d'Autriche-Hon-
grie. Ces haies larges de 4 à 5 mètres au plus, plantées au milieu en
petits taillis souvent coupés au pied, forment en un maquis de broussailles de ronces et d'herbes hautes un couvert admirable où s'abritent
faisans, lièvres et chevreuils. Les jours de chasse, point n'est besoin
d'abris artificiels, et on a le plaisir de rencontrer en plaines et très
loin des forêts une diversité énorme de gibier absolument inconnue
en France.

Le croquis schématique ci-joint fera comprendre aux lecteurs

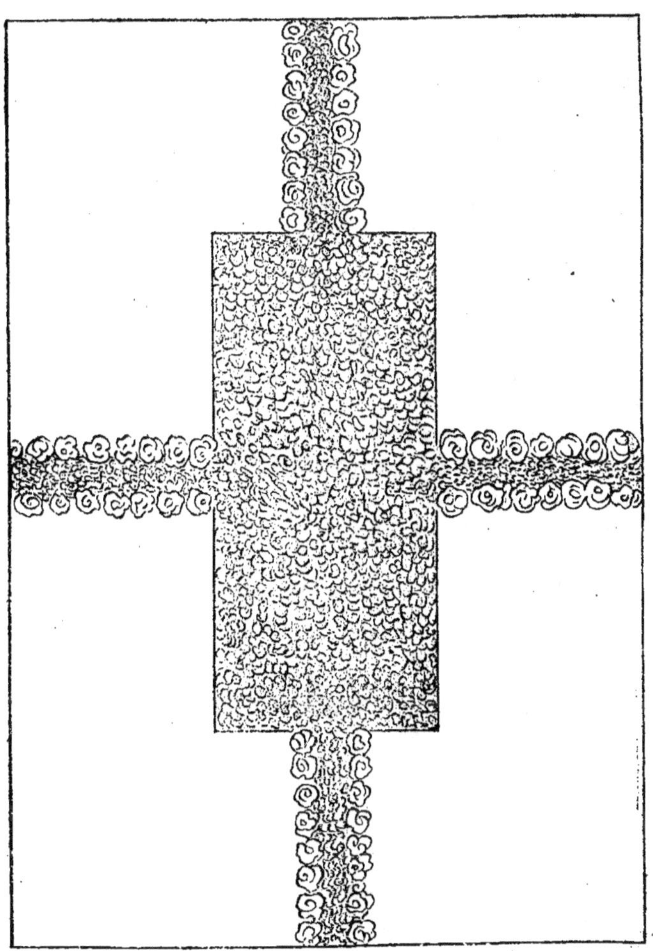

Schéma de la Chasse de Presle.

combien pareille disposition serait avantageuse et ne saurait être trop recommandée quand on est propriétaire de la culture et que la forme et l'étendue du terrain permettent toutes les fantaisies. La plaine de Presle n'avait pourtant que 800 hectares de superficie totale. Vous pensez quel Eden à perdreaux elle eût été, si, autour de ces couloirs et abris naturels, s'étaient étendus quelques milliers d'hectares de Champagne ou de Beauce.

Un terrain de battue idéal est la belle Terre d'Esclimont au Duc de Bisaccia.

Le Duc de Doudeauville, conseillé par le Marquis Du Lau, heureusement inspiré lui-même par les chasses d'Autriche et de Bohême, a planté dans tout son territoire, de longues lignes de haies d'une certaine profondeur, ce qui leur donne l'aspect de remises et en fait d'admirables abris.

Esclimont se trouve en plein centre de la Beauce, et n'était la qualité admirable des oiseaux venant de loin, le chasseur, masqué derrière ces rideaux naturels, aurait l'impression de se trouver emporté par le rêve dans un autre pays.

Nous croyons que c'est à Esclimont que fut établi avant la guerre le record du nombre de perdreaux tués en une seule journée, et sans aucun élevage, soit douze cent-dix perdreaux. Il fut abattu en trois jours.

Sur la grande plaine . . . . 1210 perdreaux
Sur la plaine des Faures . . . . 750 —
Sur la petite plaine . . . . 620 —
           —————
Total . . . . 2580 —

Dans une seule battue à la haie d'Harcourt on a ramassé 303 oiseaux.

Avant de quitter mon voyage dans le domaine de l'Idéal, en compagnie de vieux camarades, je tiens à ne pas oublier une battue qui y trouve certes sa place toute indiquée.

Ligne de battue en vallée.

Une belle ligne de battue : Avenue de Lierville, longue de 1.500 mètres.

C'est à Lierville, un coin enchanteur du Loir-et-Cher tout rempli pour moi des meilleurs souvenirs de jeunesse, que le Comte Hector de Monteynard, un maître de la battue, donne à ses invités le régal d'une surprise unique dans le monde cynégétique, la célèbre et double battue du Potager. Les tireurs sont placés sur deux lignes. 6 fusils derrière une grande haie naturelle bordant la plaine face à Marchenoir où est faite une habile concentration, 6 tireurs derrière un grand mur d'ancien verger. De cette façon pas le moindre danger de s'envoyer du plomb. Attaqués par la première ligne, les perdreaux gardent leur direction au-dessus du parc et sont tirés par la seconde ligne. Toutes les places sont bonnes, tous s'amusent à la folie ; c'est une fusillade exquise, endiablée. L'escouade défilée dans le verger ramasse en toute bonne foi beaucoup des perdreaux tombés au saut de la haie, la première ligne ne pouvant faire sauter le mur à ses cockers et à ses chargeurs pour se les compter à temps !

Je signale cette battue à ceux à qui leur territoire de chasse permettrait de la copier ou qui, par des modes de plantations heureuses, pourraient se la ménager un jour. Ne convient-il pas, en effet, d'aménager sa chasse en bon père de famille, comme on plante un parc ou comme on réserve une futaie, non pas dans un but égoïste, mais en pensant à ses enfants, à ses successeurs.

Parmi les grandes chasses à perdreaux de France, il n'y a guère que deux chasses où avant la guerre l'on ait tué dans l'année plus de cinq mille perdreaux : Bois-Boudran au Comte Greffulhe, et Sandricourt, l'ancienne chasse du Marquis de Beauvoir, actuellement la propriété du sympathique Américain M. Goëlet. Il y a trois chasses où l'on a dépassé les mille perdreaux en une seule journée : Esclimont, Sandricourt et Vaux-le-Pesnil.

En revanche, il y en avait des quantités où le tableau de la journée variait entre 500 et 1.000 perdreaux. Il y avait de vingt à trente chasses où l'on tuait dans l'année de deux à trois mille perdreaux.

Conclusion.

La chasse, le cheval, l'épée, tous ces sports en dentelles, vestiges d'un passé d'élégance, de mâle courtoisie, de chevaleresques ambitions, toutes ces manifestations de valeur et d'adresse subsisteront toujours au tréfond du cœur de l'homme. Elles sont l'essence même de son être, les premières qui le portèrent en avant quand il se sentit abandonné et nu au seuil de son Paradis perdu, obligé pour vivre et se vêtir de poursuivre les animaux sauvages. Dans la suite des âges, les chasses à tir et à courre sont restées l'apanage des natures hardies, indépendantes, amoureuses de dangers et assoiffées de liberté.

L'adresse des archers de Rome qui d'une flèche atteignaient une autre flèche lancée dans les nues, celle d'un tireur à balle qui culbute à 400 mètres l'Antilope des pays chauds ou l'Izard des glaciers, le tir impeccable d'un habitué des grandes battues dont les doubles émerveillent toute une ligne d'invités, toutes ces prouesses, toutes ces gloires sont synonymes de réelle intelligence, d'énergie et de vigueur. C'est par les sports que les muscles de l'adolescent se fortifieront, que sa santé et son intelligence se développeront de concert.

En attendant l'âge d'or, l'ère de paix rêvée où les peuples ne se déchireront plus entre eux, le tir de chasse formera les meilleurs tireurs à balle, les plus adroits lanceurs de grenades, les plus redoutables mitrailleurs d'avions.

Le chasseur, patiemment assis à son poste, trouvera dans le calme

de ces attentes parfois un peu longues, un repos d'esprit, un délasse-
ment exquis à sa vie enfiévrée d'affaires et à ses préoccupations
journalières.

Dans sa vieillesse, quand il devra à son tour accrocher au râtelier
sa paire d'Hammerless favoris, et qu'il feuilletera du coin du feu le
vieil album de ses chasses, que de souvenirs charmants surgiront
dans sa mémoire, films joyeux du passé, souvenirs fabuleux,
superbes, empreints parfois d'une tendre mélancolie. Qu'importe,
c'était alors la jeunesse, le bon vieux temps, la vie, la vie entrant
à pleins poumons, au gai soleil, au grand air, dans l'immensité des
plaines ou à l'ombre des grands bois. Comme c'était beau !

Arsène Houssaye a écrit que « la punition de ceux qui ont beaucoup aimé les femmes sera de les aimer toujours ». Pratiquer la
chasse, n'est-ce pas l'aimer au même titre que de courtiser une jolie
femme ?

Si j'ai pu, pendant ces quelques pages, éveiller cette noble passion
dans le cœur de notre belle jeunesse de France, qui a émerveillé le
monde pendant la guerre, je n'aurai pas perdu mon temps.

Louis d'HAVRINCOURT.

Janvier 1921

E. LABOUREYRAS, Graveur-Imprimeur, 20, rue La Bruyère, PARIS (9ᵉ)

www.ingramcontent.com/pod-product-compliance
Lightning Source LLC
LaVergne TN
LVHW021029050726
842519LV00003B/782